THINK LIKE

ANNE ROONEY

PENSA DA SCIENZIATO

COMPRENDERE LE LEGGI NATURALI A PARTIRE DALLA VITA QUOTIDIANA

DEMETRA

Titolo originale: *Think Like a Scientist. Get to grips with the natural laws of the universe*

Testi: Anne Rooney

Per l'edizione italiana:
Referenze fotografiche:
© ESA/Hubble & NASA: p. 32
© NASA: p. 93
© Shutterstock: pp. 8, 25, 31, 41, 61, 66, 67, 73, 78, 142, 145, 148, 163, 165, 166, 193
Grafici di David Woodroffe: pp. 43, 44, 47, 48, 71, 126, 157, 184, 215

Traduzione: Gianmaria Patrone

www.giunti.it

Via Bolognese 165 - 50139 Firenze - Italia
Via G.B. Pirelli 30 - 20124 Milano - Italia
Prima edizione: luglio 2022

Stampato presso Elcograf SpA, stabilimento di Cles

INDICE

PERCHÉ LA SCIENZA È IMPORTANTE?

LA PAROLA "SCIENZA" È DI ORIGINE LATINA (*SCIENTIA*), VIENE DAL VERBO *SCIRE* OVVERO "SAPERE". LA SCIENZA, NEL SUO SIGNIFICATO PIÙ PROFONDO, NON SI LIMITA A UN CAMPO DI STUDIO PARTICOLARE, MA INCLUDE TUTTA LA CONOSCENZA.

Avere familiarità con la scienza significa comprendere il mondo nel quale sei immerso, nonché quello dentro di te, e il suo funzionamento. La scienza ha una portata infinitamente più estesa di quella che hai incontrato nel tuo corso di studi.

UNA STORIA LUNGHISSIMA

Quello della scienza è un percorso il cui inizio può essere fatto risalire almeno agli antichi Greci, o, per certi aspetti, alla Mesopotamia di 4000 anni fa.
Ma non si può certo dire che sia stato sempre agevole.
In alcuni periodi, infatti, in alcune parti del mondo la scienza è stata ignorata o addirittura messa fuori legge. In quelle epoche le persone avevano abbracciato principi organizzatori differenti: si affidavano per esempio a spiritualità

Antiche tradizioni: su questa tavola datata tra l'865 e l'860 a.C. il re assiro Ashurnasirpal compare ai lati dell'Albero Sacro, che simbolizzava probabilmente la vita.

e misticismo per spiegare i fenomeni. Spesso poi l'indagine scientifica è stata osteggiata in nome del principio che soltanto alcuni tipi di conoscenza meritassero di essere perseguiti.

IL METODO SCIENTIFICO

La scienza è caratterizzata da un modo particolare di organizzare la conoscenza. Questo sistema fu ideato nel XVII e XVIII secolo, un'epoca in cui ci fu un maggiore interesse a scoprire le leggi naturali che governano l'universo materiale. Il metodo scientifico, che costituisce il fulcro della scienza moderna e le cui basi furono gettate da Galileo Galilei e René Descartes (Cartesio), fu perfezionato durante l'Illuminismo, un'epoca che guardò al mondo naturale e fisico con rinnovato interesse e fiducia nelle capacità dello spirito umano di comprenderlo. Il metodo si fonda sull'empirismo, ovvero su ciò che può essere obiettivamente osservato e provato, invece che indagato attraverso l'uso esclusivo della ragione.

Un'idea (una teoria o un'ipotesi) scaturisce dalle osservazioni del mondo e dalle idee sul perché esso ci appare in un determinato modo. Forse qualcuno osservò che le piante crescono meglio nella parte più soleggiata di un campo

---

UN'IPOTESI DEVE ESSERE FALSIFICABILE

Può sembrare un controsenso, ma la validità di un'ipotesi dipende dalla possibilità di dimostrare che sia sbagliata. L'ipotesi che tutti i cani siano più alti di 5cm può essere smentita trovando un cane più piccolo, ma sarebbe impossibile provarne la validità con esempi pratici: per questo bisognerebbe poter esaminare tutti i cani, passati, presenti e futuri.

---

invece che in quella meno irradiata, e perciò suggerì l'idea che la luce del Sole aiuti le piante a crescere. L'ipotesi poteva allora essere testata grazie a degli esperimenti o osservazioni strutturate, ed era possibile studiare i risultati in maniera imparziale e oggettiva per determinare se essi avvalorassero o meno l'ipotesi.

I più si affacciano a questo metodo per la prima volta a scuola, nell'ora di scienze, svolgendo semplici esperimenti. L'ipotesi è magari che lo zucchero si scioglie più velocemente nell'acqua calda invece che in quella fredda, o che un camion andrà più veloce lungo una discesa ripida anziché in leggera pendenza.

In una lezione di scienze, però, il professore e il manuale (e spesso anche lo studente) conoscono già la risposta. Quando la scienza è applicata nel mondo reale, invece, generalmente la risposta è ignota. Alcune ipotesi sono molto traballanti e si dimostrano sbagliate. Altre paiono ovvie, ma devono comunque essere testate perché si possa considerarle una rappresentazione accurata della realtà.

È tuttavia possibile giungere a una conclusione errata basandosi esclusivamente sull'osservazione. Prima che, intorno al 1600, fosse inventato il microscopio, era opinione comune che le più piccole creature viventi fossero gli insetti piccolissimi, come le pulci. Adesso sappiamo che la maggior parte degli esseri viventi di questo mondo sono molto più piccoli. L'invenzione del microscopio ha contribuito a cambiare il modo in cui osserviamo la realtà e le conclusioni che ne traiamo.

PERCHÉ INTERESSARSI ALLA SCIENZA?

Stranamente, alla fine del XX secolo, l'ignoranza in fatto di scienza o matematica era divenuta qualcosa da ostentare e di cui vantarsi. L'opinione comune era che la conoscenza scientifica non fosse in qualche modo compatibile con l'essere una persona di cultura, anche se, in realtà, essa ne è una componente fondamentale.

In una famosa lezione del 1959, lo scienziato e romanziere inglese Charles Percy Snow parlò della divergenza, che sfociava nell'ostilità, presente tra le "due culture": le discipline scientifiche e quelle umanistiche. Questa profonda spaccatura della vita intellettuale costituiva, a suo parere, un ostacolo sulla via del progresso umano. Nel corso dei decenni successivi la frattura non si è ricomposta, anzi. Oggi assistiamo forse un riavvicinamento, ma il divario resta.

"Così il grande edificio della fisica moderna si erge sempre più in alto, e la maggioranza delle persone più intelligenti del mondo occidentale ne capiscono quanto ne avrebbero capito i loro antenati dell'età neolitica."

Charles Percy Snow

Adesso un numero maggiore di persone è pronto a riconoscere che avere familiarità con la scienza non è segno di filisteismo*, al contrario. Una comprensione fattuale del mondo che ci circonda, delle leggi che lo governano e del modo che ci permette di identificare tali leggi, ci dà la possibilità di profittare al meglio delle nostre vite a livello individuale e, a livello di specie, delle risorse che il pianeta ci mette a disposizione.

Sono stati alcuni scrittori del XIX secolo come William Wordsworth o Henry David Thoreau a lamentare, in poesia, la scomparsa dei luoghi selvaggi, esprimendo il bisogno di scoprire come rinnovare e proteggere l'ambiente. Ma il senso di colpa per i danni che l'essere umano ha arrecato al mondo naturale, espresso artisticamente, può tramutarsi in azione risolutiva grazie all'applicazione della scienza e del sapere.

* Nella definizione della filosofa tedesca Hannah Arendt (1906-1975), il termine filisteismo indica gli atteggiamenti, le abitudini e le caratteristiche di chi fa un uso esclusivamente strumentale e funzionale di categorie come arte, bellezza, spiritualità e intelletto.

TENETEVI PRONTI

Capire qualcosa di scienza ci permette di prendere decisioni consapevoli, e ci protegge dagli inganni orchestrati dalle grandi imprese, dai media e dai governi nazionali ai danni di un pubblico disinformato. Un po' di conoscenza può proteggervi da allarmismo e da truffe, nonché aumentare il vostro senso di coinvolgimento e meraviglia per il mondo che vi circonda.

Questo libro non può ovviamente trattare in maniera esaustiva tutti gli aspetti della scienza utili a comprendere ciò che sta dietro a ogni notizia o tema di attualità. Quello che può fare è spingerti a esaminare più attentamente le storie che ci vengono proposte e il mondo naturale.

Può incoraggiare un metodo indagatore curioso o "scientifico" e un rispetto per l'organizzazione metodica del sapere sulla quale poggia il mondo moderno.

CAPITOLO 1

L'UMANITÀ RAPPRESENTA IL CULMINE DELL'EVOLUZIONE?

CI PIACE PENSARCI COME LA CIMA DELL'ALBERO EVOLUTIVO, MA È DAVVERO COSÌ? E SIAMO SICURI CHE CI SIA UN ALBERO SUL QUALE ARRAMPICARSI?

SCALA, CATENA O ALBERO?

Più di 2000 anni fa il filosofo greco Aristotele classificò gli esseri viventi secondo una gerarchia, la "Scala della Natura", dai più umili (le piante più semplici) a quelli più complessi (gli esseri umani). Questa classificazione non era basata semplicemente su un senso di superiorità nei confronti dei funghi o delle sogliole. Aristotele ipotizzò che gli organismi avessero, in base alla loro propria natura e ai propri bisogni, anime di tipo diverso. L'anima, sosteneva, avrebbe conferito alla materia fisica del corpo le sue capacità.

Secondo Aristotele, una pianta ha un'anima in grado solo di crescere e mantenersi in vita, mentre quella di un animale può crescere, mantenersi in vita e muoversi. L'uomo, ancora meglio, può fare tutte queste cose essendo in più capace di raziocinio. Per gli antichi Greci l'anima razionale assicurava all'uomo un posto in cima alla scala. Aristotele trovava delle differenze anche all'interno delle ampie categorie di piante, animali e uomini. Gli alberi erano superiori alle piante più piccole, e gli animali con sangue nelle vene (i lupi) erano superiori a quelli senza (i ragni). La distinzione tra animali con o senza sangue prefigura quella moderna tra vertebrati o invertebrati (animali con o senza spina dorsale).

Nel III secolo d.C., il filosofo romano egizio Plotino aggiunse un piolo alla scala collocandovi gli dèi. Con l'avvento della cristianità, le teorie della Grecia antica furono assorbite, quando possibile, nel pensiero cristiano. La "Scala della Natura" diventò la "Grande Catena dell'Essere". Gli dèi pagani furono rimpiazzati dalle diverse classi di angelo e arcangelo, con il Dio cristiano alla sua sommità. Gli organismi più umili (le alghe per esempio) erano relegati in fondo. Come il modello di Aristotele sistemava gli organismi dal più basso al più elevato su scalini separati, così questa catena era fatta di anelli distinti. Nel Medio Evo si conoscevano molti più organismi rispetto all'epoca di Aristotele, e sempre di più ne vennero scoperti nel corso dei secoli man mano che esploratori e conquistatori allargavano il raggio delle loro spedizioni. Le Americhe, l'Asia, le isole del Pacifico e l'Australasia erano abitate da esseri fino ad allora sconosciuti, che dovevano trovare posto nella catena. Si credeva che il Creato fosse completo: Dio aveva dato vita a un mondo perfetto, in cui ogni singola nicchia aveva il suo specifico occupante, anche se gli uomini non avevano ancora catalogato tutti gli organismi.

In una catena tutto è collegato. A differenza della scala, il modello della catena suggeriva l'idea degli anelli intermedi. Questi potevano essere organismi che, si pensava, avevano caratteristiche in comune (così i i molluschi o le spugne che non si muovono sono al confine tra piante e animali).

NESSUN CAMBIAMENTO

I modelli della scala e della catena descrivono un ordine immutabile. Nelle religioni abramitiche* l'immutabilità della Natura è dichiarata esplicitamente. Il racconto della Creazione così come si trova nella *Genesi* vede Dio creare, in quest'ordine le piante, gli animali e infine gli uomini. Gli altri organismi erano stati creati al solo scopo di servire l'umanità, e questo era prova evidente della sua superiorità. A questa superiorità si accompagnava un'altra idea, altrettanto importante: tutti gli organismi sono esistiti fin dal principio dei tempi. Poiché la Creazione era perfetta e completa, il mondo non cambiava né era mai cambiato.

La scoperta dei fossili mise in discussione questa idea. Fossili di creature marine furono rinvenuti a grande distanza dal mare, persino su colline e montagne. E poi, a partire

* Cioè quelle che si rifanno al patriarca biblico Abramo: ebraismo, cristianesimo e islam.

dall'inizio del XIX secolo, si cominciarono a portare alla luce resti di animali ben diversi da quelli conosciuti. Con la scoperta di fossili di plesiosauro e ittiosauro, poi di iguanodonte e adrosauro, molti scienziati conclusero che un tempo la Terra fosse popolata da animali imponenti e fino ad allora ignoti, e altri si sforzarono di giustificare quelle scoperte in modo da non confutare il racconto della Creazione. Tra la seconda metà del XIX secolo e i primi anni del XX secolo furono scoperti i grandi dinosauri (apatosauro, tirannosauro, stegosauro e triceratopo), e lo sguardo che l'uomo gettava sul passato cambiò per sempre.

LA STORIA DELLA TEORIA DELL'EVOLUZIONE

La teoria dell'evoluzione non si manifestò dal nulla (o dal cervello di Charles Darwin), all'improvviso e perfetta nella sua completezza alla metà del XIX secolo. Già prima di Aristotele alcuni Greci avevano concepito delle idee proto-evolutive.

Anassimandro (ca. 611-574 a.C.) teorizzò che i primi animali si fossero formati a partire da fango gorgogliante. Vivevano in principio nell'acqua, ma poi alcuni di loro si adattarono a vivere sulla terra quando terra e acqua col tempo si separarono. Il filosofo greco credeva che persino gli uomini si fossero sviluppati a partire da animali primitivi che avevano le fattezze di pesci. Dopo questo inizio promettente, però, il pensiero occidentale rimase impantanato nella teoria di una Creazione immutabile. Si dovettero aspettare quasi 2000 anni prima che una teoria evoluzionistica rifacesse la sua comparsa.

A partire dal XVIII secolo, gli indizi che gli organismi fossero capaci di mutare diventarono sempre più numerosi. Un crescente interesse nella tassonomia, stimolato dal lavoro del naturalista svedese Carlo Linneo (1707-1778), portò alla constatazione di somiglianze evidenti tra alcune specie che vivevano in aree molto distanti tra loro. Cammelli e lama sono simili, per esempio, come lo sono giaguari e leopardi, eppure i loro territori sono separati da un oceano. Dapprima, gli scienziati si sforzarono di spiegare questo enigma senza discostarsi dall'impianto del pensiero cristiano tradizionale. Forse gli organismi, all'inizio perfetti, erano col tempo degenerati. Oppure, se tutti gli animali fossero venuti dall'estremo nord e migrati verso sud, questo potrebbe spiegare la somiglianza tra gli animali del Nuovo e del Vecchio Mondo: la "degenerazione" dei lama e cammelli sarebbe avvenuta durante il loro percorso attraverso il tempo e lo spazio. In un certo senso, poiché la Caduta dell'Uomo aveva macchiato la Creazione, la degenerazione aveva un posto nella Genesi. L'umanità poteva ancora dirsi la più importante tra le specie non angeliche, anche se alcuni scalini o anelli si erano col tempo un po' mossi.

Il naturalista francese Jean-Baptiste Lamarck (1744-1829) era dell'opinione che, lungi dal degenerare, gli organismi subivano un miglioramento, o almeno un adattamento. Credeva che il cambiamento fosse parte della lotta per la sopravvivenza. Così la giraffa avrebbe allungato il collo nel tentativo di raggiungere le foglie sulla cima degli alberi. Il risultato di questo allungamento sarebbe passato di generazione in generazione, determinando il collo sempre più lungo dei discendenti dell'animale. Questo sforzo si trasformava in un'eredità che si accumulava nella discendenza.

Erasmus Darwin (1731-1802), contemporaneo di Lamarck, era della stessa idea. Sosteneva che ogni forma di vita si fosse evoluta da un antenato comune nel corso di un lunghissimo periodo di tempo. Lo studioso però introdusse un elemento nuovo, quello della selezione sessuale. Molti animali competevano per potersi riprodurre, così "l'esito finale di questa lotta tra maschi sembra essere che l'animale più forte e più attivo debba diffondere la specie che ne dovrebbe così risultare migliorata."

L'EVOLUZIONE SI PRENDE LA SCENA

Nel 1831, il nipote di Erasmus, l'allora ventiduenne Charles Darwin (1809-1892), s'imbarcò in un viaggio intorno al mondo sul vascello esploratore *HMS Beagle*. Partecipando al viaggio in veste di naturalista, nel corso di quattro anni e nove mesi collezionò campioni di piante, animali e fossili, prese una grande quantità di appunti, osservò animali e piante nel loro habitat naturale e si meravigliò sia della varietà sia delle notevoli somiglianze che poté osservare. A ogni porto, i campioni raccolti erano spediti in Inghilterra, dove erano oggetto di studio e meraviglia da parte della comunità scientifica. Al suo ritorno era già uno scienziato di grande fama. Ma fu solo dal 1838 che concentrò i suoi sforzi per spiegare l'esistenza di tali varietà e somiglianze, e nel 1859 pubblicò un libro che ebbe un impatto mondiale, *L'origine delle specie attraverso la selezione naturale*.

Darwin non si limitò ad affermare che le specie cambiano nel corso del tempo, ma spiegò anche il perché. Per questo si richiamò al metodo di selezione artificiale usato da agricoltori e allevatori per ottenere piante o animali con determinate caratteristiche. La Natura, dice Darwin, opera alla stessa maniera. Ma in natura il fine di questa selezione è rendere gli organismi più adatti al modo in cui vivono e al loro ambiente, non per l'utilità o il diletto dell'uomo. Una nuova caratteristica che aiuta un animale a procacciarsi del cibo incrementa le sue probabilità di trovare un compagno per riprodursi o gli permette di sopravvivere in ambienti diversi, probabilmente diventerà col tempo sempre più pronunciata.

Darwin chiamava questo processo "variazione per mezzo della selezione naturale". Attraverso questo processo di variazione, le specie cambiano fino allo sviluppo di specie completamente nuove. Così fu demolita l'idea che, nel disegno della Creazione, animali e piante esistessero puramente per soddisfare le necessità dell'uomo. Darwin dimostrò che gli organismi lottavano per soddisfare le proprie necessità. Che cosa significava questo per gli esseri umani?

A CHE COSA SERVE?

Nel modello darwiniano l'evoluzione non ha un fine ultimo. Gli organismi non sviluppano caratteristiche particolari per assolvere un particolare compito, ma se mutazioni fortuite e spontanee si rivelano utili a un organismo, allora è probabile che saranno mantenute e acquisiranno un maggiore prominenza nel corso delle generazioni. Allo stesso modo sono "scartate" quelle caratteristiche che nel tempo hanno perso la loro utilità, come per esempio le zampe dei serpenti.

Da una generazione all'altra compariranno numerose mutazioni tra membri della stessa specie e, tra queste, alcune saranno d'intralcio. Una lucertola nata senza occhi avrà più difficoltà a trovare cibo durante il giorno rispetto a una lucertola capace di vedere. Ma se una lucertola vivesse in un ambiente caratterizzato dalla totale oscurità, come delle grotte sotterranee, allora lo sforzo di sviluppare e mantenere un apparato visivo costituirebbe uno spreco di energia. In quella situazione gli occhi potrebbero persino essere un inconveniente, perché delicati e suscettibili alle ferite. In questo caso allora una lucertola senza occhi potrebbe essere avvantaggiata. Anche così l'evoluzione non ha uno scopo: essa, per usare una frase pronunciata da uno dei primi critici di Darwin, "incespica nella giusta direzione".

CHI STA IN CIMA?

I vecchi modelli della "Scala della Natura" e della "Grande Catena dell'Essere" organizzavano il mondo naturale secondo una gerarchia. Darwin concepì la struttura dell'evoluzione come un albero, con rami che si biforcano ripetutamente man mano che nuove specie si differenziano dalle vecchie. Anche per lui, però, l'uomo occupava una posizione dominante. Gli esseri umani naturalmente trovano posto in cima all'albero. In realtà, poiché ogni organismo che sia riuscito ad affermarsi occupa la fine di un ramo, e poiché nessun ramo di un albero è più importante di un altro, ne consegue che nessuno degli organismi evoluti sia "migliore" di un altro. È difficile, se non impossibile, conciliare questa idea con la visione di un mondo naturale creato da un essere divino particolarmente interessato alle sorti del genere umano.

Oggi le relazioni evolutive tra gli organismi sono rappresentate attraverso dei cladogrammi. Questi indicano il punto in cui, nel percorso evolutivo, mutazioni rilevanti hanno prodotto una nuova ramificazione. Ogni gruppo di organismi è rappresentato sullo stesso livello orizzontale, evitando così di suggerire implicitamente che uno sia più evoluto di un altro. Per rappresentare l'intera biosfera, il cladogramma prende la forma di un cerchio, con gli organismi posti lungo la circonferenza.

... E DOV'È LA CIMA?

L'impressione che gli uomini siano gli organismi più avanzati ed evoluti è dovuta al fatto che il nostro giudizio su che cosa sia avanzato o degno di nota è basato su criteri umani. Noi ci riteniamo gli animali più intelligenti. Tuttavia, la nostra definizione d'intelligenza si basa su valori e conquiste dell'umanità, così la rivendicazione di questo primato sembra autoreferenziale: gli uomini sono i più intelligenti, poiché l'intelligenza è la caratteristica principale degli esseri umani.

Se valutassimo l'intelligenza secondo un criterio diverso, allora i delfini o le balene potrebbero essere considerati più intelligenti di noi. Certo, non costruiscono città complesse, né strumenti tecnologici sofisticati e neanche, per quel che ne sappiamo, si dilettano di musica, letteratura o filosofia (ma non possiamo escluderlo con certezza), e la loro fisiologia è tale da non permettergli, per fare un esempio, di fabbricare circuiti elettronici (e non aiuta il fatto che vivano sott'acqua, un ambiente incompatibile con l'elettricità). Ma non sappiamo che cosa possa rappresentare una conquista per i cetacei, né come attribuirle un valore. Dal punto di vista di un cetaceo, una specie che – come quella umana – depreda l'ambiente in cui vive e massacra abitualmente i propri simili senza una valida ragione occuperebbe un gradino molto basso sulla scala dell'intelligenza.

Ma per quale ragione l'intelligenza dovrebbe essere usata come metro di giudizio? Se giudicassimo gli organismi in base all'efficienza con cui si muovono, alla longevità o alla capacità di volare, gli esseri umani non occuperebbero le prime posizioni. E lo stesso sarebbe se giudicassimo il livello di evoluzione in base alla capacità di un organismo di sopravvivere nel proprio ambiente, o valutando per quanto tempo una specie ha prosperato. I cianobatteri sono, da un punto di vista fisiologico, molto semplici, però sono organismi estremamente tenaci che esistono da 3,5 miliardi di anni. Gli esseri umani moderni esistono da meno di un milione di anni, ed è verosimile che si estinguano prima di raggiungere quel traguardo.

Sostenere che gli esseri umani rappresentino il culmine in termini evolutivi significa affermare che l'evoluzione, almeno quella degli uomini, sia giunta alla fine del proprio percorso.

Fino a quando gli esseri umani non andranno incontro alla propria estinzione, continueranno, esattamente come le altre specie, a mutare ed evolversi. Così, man mano che modifichiamo il nostro ambiente, con tutta probabilità modificheremo noi stessi per poterci adattare. L'intervallo che separa le generazioni umane è lungo, perciò la nostra evoluzione non può essere rapida come quella di insetti, batteri o animali che si riproducono più rapidamente. Eppure non si ferma mai.

EVOLUZIONE A TUTTA VELOCITÀ

Secondo le più recenti scoperte, l'evoluzione è capace di improvvise accelerazioni. Alcuni organismi sono riusciti ad adattarsi molto velocemente ai cambiamenti degli habitat in cui vivono:

- Tra i pesci che popolano le acque inquinate del fiume Hudson sopravvivono solo quelli che hanno sviluppato una resistenza alle tossine velenose.
- Gli elefanti che nascono privi di zanne non vengono uccisi dai trafficanti di avorio, e quindi possono riprodursi e generare una prole priva di zanne.
- Alcune specie di pesci si riproducono precocemente e, date le piccole dimensioni, sfuggono alla pesca commerciale che li ritiene poco convenienti, accrescendo così popolazioni di pesci "piccoli".
- Nel XVIII secolo la *Biston betularia*, una falena di colore biancastro, divenne più visibile e vulnerabile ai predatori perché l'inquinamento cominciò ad annerire le superfici sulle quali viveva: sopravvissero e si moltiplicarono soprattutto gli individui che naturalmente avevano una colorazione più scura. Adesso che l'aria e le superfici sono più pulite, la popolazione di *Biston betularia* prevalente è tornata quella di colore chiaro.

CAPITOLO 2

PERCHÉ NON USIAMO L'ACQUA COME COMBUSTIBILE PER LE AUTO?

FAR ANDARE UN'AUTOMOBILE È MOLTO COSTOSO E BRUCIARE COMBUSTIBILI FOSSILI È DANNOSO PER L'AMBIENTE. DAVVERO NON ABBIAMO SCELTA?

COME FUNZIONA UN'AUTOMOBILE

Gran parte delle automobili si muove grazie a un motore a combustione interna. Nonostante l'apparente complessità del motore, il principio del suo funzionamento è semplice. La spinta propulsiva avviene all'interno di una camera chiamata cilindro. Minuscole gocce di carburante sono mischiate all'aria, risucchiate nel cilindro, compresse e sottoposte a combustione. È la combustione che rilascia l'energia, e questa energia è usata per far muovere il motore.

Il cilindro è una camera al cui interno un pistone può andare su e giù liberamente. Il pistone aderisce perfettamente alle pareti del cilindro, in modo da mantenere la pressione ed evitare la fuoriuscita di gas combustibili. Sulla parte superiore del cilindro una valvola fa entrare l'aria e i vapori di carburante, e un'altra fa fuoriuscire i gas di scarico. Una candela crea una scintilla che accende il carburante. La benzina brucia a contatto con l'aria, perciò l'aria è necessaria quanto il carburante.

Il motore prende energia chimica dal carburante e la rilascia sotto forma di movimento (energia cinetica) e calore. Il movimento del pistone è trasferito da una biella all'albero a gomiti, che trasforma il movimento lineare alternativo (cioè su-giù) del pistone in un movimento rotatorio. L'albero a gomiti è collegato all'albero di trasmissione, che è a sua volta connesso agli assi che fanno girare le ruote.

ENERGIA IN ENTRATA E USCITA

Se ci si limita a mischiare aria e carburante, questi non bruciano spontaneamente producendo energia. È necessario accenderli. In un motore a benzina questo compito spetta alla candela di accensione. Perché ci sia combustione serve energia, che nel caso della benzina è originata dalla scintilla.

Motore a combustione interna

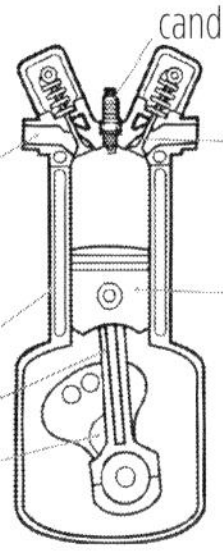

Nei motori diesel (cioè che usano gasolio) lo scoppio avviene semplicemente comprimendo la miscela di aria e carburante. Questa energia rompe i legami all'interno delle molecole del carburante.

Sia il gasolio sia la benzina sono idrocarburi, cioè molecole che consistono principalmente di carbonio e idrogeno. Rompendo i legami, il carbonio e l'idrogeno delle molecole di idrocarburo si separano. Il carbonio e l'idrogeno si combinano con l'ossigeno dell'aria per formare nuove molecole: biossido di carbonio (anidride carbonica) e acqua. Questo in un motore ideale: nella realtà questi prodotti di scarto della combustione e sono espulsi dal tubo di scappamento insieme a fuliggine e ad altri agenti inquinanti. La formazione di legami molecolari per creare acqua e anidride carbonica rilascia energia. Fortunatamente l'energia rilasciata è di molto superiore a quella usata per rompere di legami nelle molecole di idrocarburo, così si verifica un rilascio di energia netto. Questa energia serve a far muovere l'automobile.

carburante (idrogeno e carbonio) + ossigeno → acqua + anidride carbonica + energia

CREARE E DIVIDERE L'ACQUA

L'automobile si muove grazie all'energia derivata dai prodotti della combustione. Così una buona parte di questa energia deriva dalla creazione di acqua. Usare l'acqua come carburante vorrebbe dire fornire sufficiente energia per spezzare le molecole, poi usare l'idrogeno e l'ossigeno per fare nuove molecole in una reazione che produca una quantità di energia superiore a quella usata per dividere le molecole d'acqua. L'acqua può essere divisa in idrogeno e ossigeno grazie all'elettricità, attraverso un processo chiamato elettrolisi. È così che producono ossigeno sulla Stazione Spaziale Internazionale (ISS). Ma alimentare un'automobile in questa maniera è poco pratico: tanto vale usare direttamente l'elettricità.

CHIMICA ED ENERGIA

Per rompere i legami chimici è necessaria energia, e allo stesso modo viene rilasciata energia quando i legami chimici si creano. A ciascun tipo di legame è associata una certa quantità di energia. I legami relativi al processo di creazione e divisione di molecole d'acqua sono riportati qui in tabella. L'energia è in kJ/mol. Una mole è circa 6×10^{23} atomi o molecole di una sostanza. Affinché una reazione produca energia, l'energia generata creando legami deve essere superiore all'energia utilizzata per rompere i legami. Per ottenere l'acqua, la reazione è: $2H_2 + O_2 \rightarrow 2H_2O$.

legame	energia del legame (kJ/mol)
H-H (idrogeno-idrogeno)	432
O=O (ossigeno-ossigeno)	494
O-H (ossigeno-idrogeno)	460

Questo significa che l'energia per rompere i legami tra atomi d'idrogeno e tra atomi d'ossigeno (nella parte sinistra della reazione) è:

$$2 \times \text{H-H} + \text{O=O} = 2 \times 432\text{kJ} + 494\text{kJ} = 864 + 494 = 1358\text{kJ}.$$

L'energia rilasciata con la creazione di legami tra gli atomi di idrogeno e di ossigeno per produrre acqua è:

$$2 \times 2 \times \text{H-O} = 4 \times \text{HO}, \text{ quindi } 4 \times 460\text{kJ} = 1\,840\text{kJ}$$

Il guadagno netto di energia è di **1840 − 1358 = 482kJ**

Se volessimo utilizzare l'acqua come carburante dovremmo fornire sufficiente energia per "rompere" le molecole d'acqua (2 legami H-O a 460 kJ ciascuno, cioè **2 × 460 = 920kJ/mol**) e trovare una reazione che usi l'idrogeno e l'ossigeno per creare legami che producano una quantità di energia superiore a questa.

L'ACQUA PUÒ BRUCIARE?

Nel motore a combustione interna il passaggio fondamentale è ottenere energia dal combustibile che brucia. L'acqua da sola non brucia. Non possiamo semplicemente mettere acqua in un motore e darle fuoco.

Ma il principio di creare e rompere legami per ottenere energia non si basa sulla combustione. Si può creare un meccanismo che si serva dell'energia rilasciata costituendo legami chimici senza bruciare un carburante fossile. Questo però sarà completamente diverso da un motore a combustione interna. Inoltre, non si tratta solo di trovare una reazione che possa creare dei legami.

Poiché questa reazione deve prodursi all'interno di un veicolo che trasporta persone, deve perciò avvenire in maniera sicura e senza rilasciare prodotti tossici. E deve anche costare poco. Potremmo ottenere sufficiente energia passando vapore surriscaldato sul carbonio, ma le conseguenze sarebbero dell'idrogeno gassoso altamente esplosivo e del velenosissimo monossido di carbonio: non è quindi una soluzione praticabile. Dovremmo inoltre portarci dietro del carbone o qualche altra fonte di carbonio, e utilizzare un'altra fonte di energia (come i pannelli solari) per surriscaldare l'acqua così da ottenere vapore.

VERDE E PULITO?

La capacità di un carburante di bruciare bene dipende dalla sua purezza e dalla giusta miscela di aria e carburante: deve esserci sufficiente ossigeno affinché tutto il carbonio e l'idrogeno possano essere convertiti in acqua e anidride carbonica. Quando il carburante non brucia completamente si formano particelle di carbonio sotto forma di fuliggine. Il 25% di fuliggine nell'atmosfera deriva dalla combustione di carburante diesel (gasolio).

CELLE A IDROGENO

Oggi esistono anche automobili alimentate da celle a idrogeno. Il motore è perfettamente pulito, e l'unico gas di scarico che produce è vapore acqueo. Una volta condensata, l'acqua è abbastanza pulita da essere potabile. Un ulteriore vantaggio è che fare il pieno di un serbatoio a idrogeno prende solo qualche secondo. Una cella a idrogeno funziona come una batteria. Combina idrogeno e ossigeno (facilmente estratto dall'aria) per produrre acqua, e l'energia della reazione viene sfruttata sotto forma di elettricità. L'unica cosa di cui ha bisogno è una costante riserva di idrogeno.

DA DOVE VIENE L'IDROGENO?

Il 75% dell'universo è composto da idrogeno, ma non è possibile prendere un po' d'idrogeno dall'aria o dallo spazio e usarlo come carburante. Al momento l'idrogeno usato nelle stazioni di rifornimento a idrogeno viene da gas naturali. Potremmo semplicemente bruciare i gas naturali, ma così l'automobile (invece che il produttore d'idrogeno) rilascerebbe dei sottoprodotti inquinanti, e queste automobili sono vendute in virtù delle loro credenziali ecologiche.

Dal gas naturale è estratto metano, che viene separato in carbonio e idrogeno, l'anidride carbonica ne è il prodotto di scarto. L'idrogeno viene immagazzinato in serbatoi e inviato alle stazioni di rifornimento. I ricercatori sono al lavoro per trovare il modo di impiegare metano proveniente da altre fonti, come rifiuti agricoli, vegetazione in decomposizione o flatulenze dei bovini. È un lavoro importante, perché il gas naturale è un combustibile fossile la cui disponibilità è limitata; perciò, utilizzarlo per produrre idrogeno è una soluzione esauribile, e non è ecologico quanto i produttori di automobili vorrebbero farci credere.

CAPITOLO 3

DI CHE COSA È FATTO UN ARCOBALENO?

UN ARCOBALENO È UNA BELLISSIMA ILLUSIONE, MA DA DOVE VIENE?

COLORE DAL NULLA

Un arcobaleno appare quando la luce del Sole irradia goccioline d'acqua sospese nell'atmosfera. La luce del Sole è una luce bianca, che ha in sé tutti i colori dello spettro mescolati insieme. La luce è fatta di varie lunghezze d'onda (vedi *Vediamo tutti gli stessi colori?* a pagina 181), che sono percepite dai nostri occhi come colori distinti. Le gocce d'acqua scompongono la luce nelle sue diverse lunghezze d'onda e riflettono ognuna di esse con un angolo leggermente diverso, così che le vediamo come una gamma di strisce colorate. Si può ottenere lo stesso effetto di luce scomposta usando un prisma di vetro.

C'È UNA PENTOLA D'ORO ALLE ESTREMITÀ DELL'ARCOBALENO?

Secondo un'antica leggenda, ci sarebbe una pentola d'oro sepolta alle estremità dell'arcobaleno. Il problema è proprio raggiungere le estremità dell'arcobaleno per cominciare a scavare. Un arcobaleno è un'illusione ottica che si sposta man mano che si cambia posizione, perciò non si potrà mai vedere il punto in cui l'arcobaleno tocca terra. Forse si vedrà un altro arcobaleno in lontananza, oppure l'arcobaleno sarà scomparso del tutto. E l'oro ai piedi dell'arcobaleno sarà sempre fuori portata.

COME FUNZIONA

La luce viaggia lungo una linea retta attraverso un singolo mezzo, come l'aria o l'acqua. Ma quando attraversa il confine fra due mezzi diversi viene rifratta (piegata). Rifrazione significa che la traiettoria della luce è leggermente deviata.

Questo avviene perché la luce viaggia più lentamente attraverso un liquido o un solido di quanto faccia attraverso l'aria.

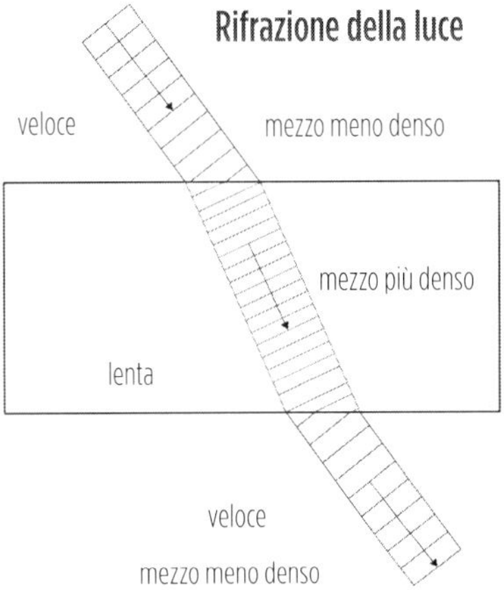

La velocità della luce è costante nel vuoto, ma rallenta quando viaggia attraverso la materia. Maggiore la densità del mezzo, maggiore sarà il tempo che la luce ci metterà ad attraversarlo. La luce viaggia più lentamente attraverso un gas che attraverso il vuoto, più lentamente attraverso un liquido che attraverso un gas, e ancora più lentamente attraverso un solido. Rallentando, la lunghezza d'onda della luce si accorcia. Questo divide la luce bianca in uno spettro, mentre le varie lunghezze d'onda sono rallentate in modo diverso. Quando la luce supera quel mezzo e riprende velocità, la rifrazione è annullata e la luce bianca si ricombina.

Quando la luce attraversa un blocco di vetro dai lati paralleli, come quello di una finestra, la rifrazione che si verifica al primo strato (aria/vetro) è controbilanciata da quella del secondo strato (vetro/aria). Perciò la luce bianca non si scompone in uno spettro quando passa attraverso il vetro di una finestra.

DENTRO LA GOCCIA DI PIOGGIA

Penetrando in una goccia di pioggia, la luce viene deviata. Nel momento in cui la luce entra in una goccia di pioggia, essa passa dall'aria all'acqua e la luce è rifratta, scomponendosi nei vari colori.

All'interno della goccia di pioggia, la luce viaggia attraverso l'acqua fino al limitare tra l'acqua e l'aria, dalla parte opposta. Parte della luce passa attraverso la goccia, e

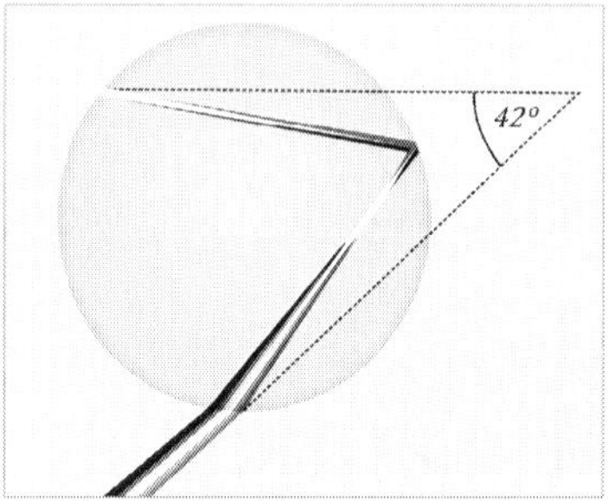

i colori si ricompongono a formare la luce bianca. Una parte della luce invece è riflessa dalla superficie interna della goccia di pioggia.

Quando la luce in uscita incontra il confine acqua/aria, essa è nuovamente rifratta, aumentando ulteriormente la differenza di angolazione tra le varie lunghezze d'onda.

Uscendo dalla goccia, la luce rossa forma un angolo di 42° rispetto alla luce in entrata, mentre la luce blu viaggia a un angolo di quasi 41°. Ogni goccia di pioggia emette luce in tutte le parti dello spettro, ma poiché la luce si irradia in ogni direzione le gocce appariranno di colore diverso a seconda della tua posizione.

Se osservi la parte rossa dell'arcobaleno, tutte le gocce in quella banda stanno emettendo luce di tutti i colori, ma la luce rossa è quella che viaggia nella tua direzione. Nella banda arancione è la luce arancione che viaggia verso di te a partire da ogni goccia. Da un'altra posizione, qualcuno percepirebbe la luce come blu, o verde.

Quando la luce investe un grande numero di gocce di pioggia si ha un arcobaleno. Ma questo arcobaleno non è da nessuna parte: è solo un'illusione ottica che sembra sospesa per aria tra l'osservatore e la fonte da cui proviene la luce.

DOPPI ARCOBALENI

Può succedere che la luce si rifletta più volte all'interno delle gocce di pioggia, in questo caso è possibile vedere un doppio arcobaleno. Spesso il secondo arcobaleno è meno sgargiante del primo e i suoi colori sono al contrario: si invertono ogni volta che sono riflessi.

LA DIMENSIONE PERFETTA

Perché si formi un arcobaleno le gocce di pioggia devono essere di una grandezza precisa, né troppo grandi né troppo piccole. Mentre è facile scorgere un arcobaleno nei pressi di una cascata, di una fontana o di un irrigatore da giardino, il vapore acqueo che forma le nuvole è troppo fine per creare un arcobaleno. Neanche l'acqua ghiacciata funziona, che sia grandine o neve.

TROVARE ARCOBALENI

Gli arcobaleni si possono trovare esclusivamente a un angolo di 40-42° rispetto al Sole. Immagina una linea che parta dal Sole, passi attraverso i tuoi occhi e arrivi all'ombra della tua testa sul terreno. L'arcobaleno si può trovare a un angolo di 42° rispetto a questa linea. Più il Sole sarà basso sull'orizzonte più l'arcobaleno apparirà verticale, fino a essere perfettamente verticale rispetto all'orizzonte all'alba o al tramonto. Per questo motivo è più facile vedere un arcobaleno nel tardo pomeriggio o la mattina presto, mentre è impossibile a mezzogiorno. Sarà più facile osservare degli arcobaleni dove il cielo è vasto, in grandi spazi aperti, nei quali è più facile vedere un arcobaleno rispetto a un'area montuosa.

COME PREDIRE GLI ARCOBALENI

È possibile sapere in anticipo dove apparirà un arcobaleno. Questo può sembrare un esercizio inutile, ma è invece un buon trucco se lo si vuole fotografare o mostrare a qualcuno.

1. Dopo un temporale, quando il Sole comincia a spuntare da dietro le nuvole, voltagli le spalle.

2. Tieni il tuo pollice a 45° rispetto al tuo indice, cioè forma con le dita una L, mettendole a 90°. Poi dimezza l'angolo muovendo il pollice verso l'indice.
3. Tendi il braccio e punta il dito verso l'ombra della tua testa sul terreno.
4. Il tuo pollice punterà circa nella direzione dell'arcobaleno. Se ruoti il polso, tenendo il tuo indice e pollice nella stessa posizione, puoi tracciare l'arco dell'intero arcobaleno.

Questo sistema non è infallibile perché un arcobaleno non apparirà se non c'è acqua a sufficienza nell'atmosfera o se il Sole è nascosto dalle nuvole. Ma con la giusta dose di acqua e luce dovrebbe funzionare.

Prova a scattare una fotografia di un oggetto incorniciato dall'arcobaleno: se ti sposti, vedrai l'arcobaleno da un'altra parte. La posizione dell'arcobaleno dipende da quella dell'osservatore: se ti muovi, lo stesso farà l'arcobaleno. Per questa ragione due persone non vedranno mai esattamente lo stesso arcobaleno.

ARCOBALENI SPECIALI

Tecnicamente tutti gli arcobaleni dovrebbero formare un cerchio completo, ma solo di rado ci è dato vederli così. L'unico modo è trovarsi su un punto d'osservazione sufficientemente elevato, come su un aeroplano. Dall'alto è a volte possibile scorgere un intero arcobaleno circolare.

CAPITOLO 4

COME FA UN GATTO A CADERE SEMPRE IN PIEDI?

SI SA CHE I GATTI RIESCONO DI SOLITO AD ATTERRARE SULLE ZAMPE, A PRESCINDERE DA COME E DOVE CADONO. CHE COSA C'È DIETRO A QUESTA CAPACITÀ STRAORDINARIA?

> **"Al Trinity College circola la leggenda che quando ero là avessi scoperto il modo di far cadere un gatto in modo che non riuscisse ad atterrare sulle zampe, e che fosse mia abitudine gettare gatti dalla finestra. Ho dovuto spiegare che il vero oggetto della mia ricerca fosse scoprire con quale rapidità un gatto poteva raddrizzarsi in volo."**
>
> James Clerk Maxwell

I PRIMI ESPERIMENTI

Si dice che da studente il fisico James Clerk Maxwell (1831-1879) avesse condotto esperimenti che consistevano nel far cadere un gatto dall'alto. Maxwell non fu né il primo né l'ultimo a studiare il modo in cui i gatti riescono a effettuare questo trucchetto salvavita. Anche sir George Stokes (1819-1903) e lo scienziato e cineasta francese Étienne-Jules Marey (1830-1904), ne erano incuriositi. Stokes insegnava a Cambridge all'epoca in cui Maxwell era studente – è persino possibile che si siano scambiati impressioni sui loro esperimenti – e Marey filmò un gatto mentre cadeva e si raddrizzava.

ESPERIMENTI PIÙ UMANI

Nel 1987 si pensò a un metodo più umano per studiare la caduta dei gatti, osservando le lesioni subite dai gatti in cura presso il *New York Animal Medical Centre*. Dallo studio di 132 casi venne fuori che le lesioni aumentavano in serietà man mano che l'altezza da cui il gatto era caduto si avvicinava al settimo piano, poi diventavano meno gravi. La teoria formulata dai ricercatori era che i gatti raggiungono la velocità terminale dopo aver percorso una caduta di sette piani, per poi rilassarsi. Questo stato di rilassamento spiegherebbe l'impatto più morbido col terreno. Tuttavia, come qualcuno ha sottolineato, i risultati di questo studio non tengono conto del fatto che nessuno porta un gatto morto al pronto soccorso veterinario, e quindi i dati sono da considerarsi incompleti e le conclusioni fallaci. Quello che rimane interessante è la riduzione della serietà delle lesioni, nonché il fatto che dei gatti possano sopravvivere a tali cadute.

COME È POSSIBILE?

Un gatto lasciato cadere a pancia in su da qualsiasi altezza superiore a circa 30 cm sarà capace di riposizionarsi sulle zampe. Questo riflesso di "auto-raddrizzamento" fa la sua comparsa quando i gatti hanno 3-4 settimane, e quando l'animale ha 6-7 settimane è pienamente acquisito.

Qual è il segreto che permette al gatto di fare ciò che per gli altri animali, per quanto ne sappiamo, è impossibile?

Per prima cosa, il gatto stabilisce da che parte sta il suolo: le zampe devono essere dirette verso il basso per riuscire nell'atterraggio. Fa questo grazie alla vista, aiutato degli organi dell'equilibrio posti nell'orecchio interno. Poi si contorce per posizionare le zampe verso il suolo. I tre passaggi che seguono sono possibili soltanto grazie alla flessibilità della sua spina dorsale. Dapprima il gatto si inarca assumendo una forma simile a un boomerang. Così, gli assi di rotazione della parte posteriore e anteriore sono diversi. Questo è fondamentale, poiché significa che il gatto può conservare il momento angolare (ovvero la sua forza centrifuga) mentre si gira.

Il gatto piega le zampe anteriori e tende quelle posteriori di modo che la parte anteriore ruoti più velocemente di quella posteriore. Pensate a come una pattinatrice tiene le braccia vicine al proprio corpo per ruotare velocemente, e le allarga per ruotare lentamente: il gatto fa la stessa cosa, ma usando le due diverse metà del suo corpo. La metà anteriore ruota con un angolo molto più ampio (fino a 90°) rispetto a quella posteriore perché le zampe davanti sono vicine al corpo. La parte posteriore, con le zampe distese, ruota pochissimo,

anche solo 10°. Così, se la rotazione iniziale del gatto era 0°, la parte posteriore è adesso a 90°, quella posteriore a 10°.

Poi fa la stessa cosa, ma all'inverso: piega le zampe posteriori ed estende quelle anteriori, in modo che la parte posteriore del corpo ruoti con un angolo più ampio rispetto a quella anteriore. Una volta conclusa questa manovra, parte anteriore e posteriore si trovano entrambe a 10+90=100°: il gatto atterrebbe sul fianco, il che non va bene. Allora ripete l'operazione da capo (non è necessario che ogni volta faccia la giravolta più grande che può). Il gatto può controllare il momento angolare durante la caduta perché si può contorcere e servirsi delle due parti del corpo separatamente. Un sistema rigido non sarebbe in grado di svolgere questa operazione: le due estremità ruoterebbero insieme. I modelli matematici del raddrizzamento del gatto in aria, completati solo alla fine del XX secolo, lo trattano come due cilindri, uno davanti e uno dietro. Quello che è certo però è che il gatto ne è capace, a prescindere dal fatto che riusciamo a descriverlo matematicamente o no.

VELOCE, MA NON PIÙ DI TANTO

La velocità terminale è la velocità massima che un corpo raggiunge cadendo sotto l'azione della gravità terrestre e nell'atmosfera. All'inizio accelera a 9,8 m/s^2. Dopo un po', quando giunge alla velocità terminale, la pressione dell'aria sotto il corpo in caduta non permette al corpo di accelerare ulteriormente, e la sua velocità rimane costante fino al momento dell'impatto. I gatti raggiungono la velocità terminale a 100 km/h, l'essere umano a 210 km/h nella posizione di caduta libera che assumono i paracadutisti. Un gatto che cade da un edificio e atterra sul marciapiede lo fa a circa la metà della velocità di un essere umano nelle stesse circostanze. Inoltre, il gatto ha una massa minore di una persona, perciò il corpo subisce un trauma minore.

CAPITOLO 5

PERCHÉ IL TERRENO È MARRONE?

SIAMO ABITUATI A SENTIRCI CHIEDERE DAI BAMBINI PERCHÉ IL CIELO È BLU. E SE CI OCCUPASSIMO DI QUALCOSA UN PO' PIÙ TERRA-TERRA?

CHE COS'È IL TERRENO?

Il terreno è praticamente ovunque: nei nostri giardini, nei campi, sotto le strade e gli edifici. C'è un tipo di terreno, chiamato sedimento, sul fondo dei fiumi, laghi e stagni. È assente solo quando al suo posto c'è sabbia o roccia nuda. A seconda dei luoghi, il terreno ha una diversa composizione. Può essere sabbioso, contenere molta argilla o essere ricco di *humus* (materia organica compostata). Il colore è normalmente una sfumatura del marrone, che può essere rossastro, o così scuro da sembrare nero, oppure chiaro, sabbioso.

Proprio come lo strato di aria sopra di noi, l'atmosfera, anche lo strato di terreno ha un nome: la "pedosfera". Il terreno comprende materia minerale (roccia) e organica (piante e animali). Questi elementi sono mischiati in modo disordinato, e poiché le varie parti hanno forme diverse che non si mescolano perfettamente tra loro, tra esse ci sono dei vuoti. Questi vuoti rendono il terreno poroso, così da trattenere liquidi e i gas. Questo significa che nel terreno sono compresi i tre stati (o "fasi") della materia (solido, liquido e gassoso) mischiati insieme.

La materia organica conferisce al terreno il colore marrone. Foglie e resti di piante cadono a terra, e così i residui animali, come feci, peli e via dicendo. Tutti questi elementi subiscono l'azione dei microbi che si trovano nel terreno, che li decompongono. È un processo talvolta lento, specialmente quando si tratta di ossa, che può durare degli anni. La decomposizione avviene quando i microbi rilasciano degli enzimi che rompono i legami chimici all'interno della materia organica.

Nonostante i microbi assorbano molti dei prodotti chimici risultati dalla decomposizione (che rappresentano la loro fonte di nutrimento), tende ad esserci un surplus di carbonio. Col tempo i microbi muoiono e subiscono loro stessi il medesimo processo di decomposizione. Ancora una volta, la

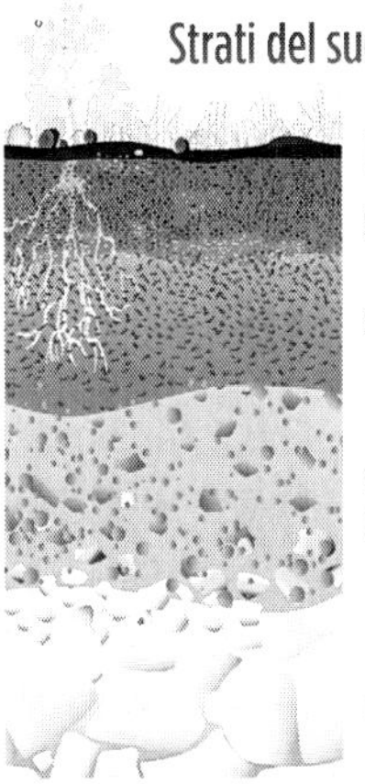

maggior parte dei prodotti chimici sono assorbiti da altri microbi, ma non tutti: il sistema non è perfettamente efficiente. Quello che resta è il carbonio in eccesso, e poiché il carbonio riflette la luce appare di colore scuro o marrone.

Gli avanzi dell'attività microbica formano l'*humus* nel terreno. Rispetto alla materia vegetale, l'*humus* è privo di struttura cellulare, ma è più amorfo, viscoso. L'*humus* può rimanere nel medesimo stato per migliaia di anni. Di solito ci sono, mischiati al suo interno, microbi e pezzetti di resti identificabili e visibili al microscopio. Ma il vero, puro *humus* è una poltiglia organica.

QUANTO È VECCHIO IL TERRENO?

La maggior parte del terreno sulla Terra risale al Pleistocene, da 2.588.000 a 11.700 anni fa. Adesso non esiste terreno che sia più antico di 65 milioni di anni, ma il terreno fossile è molto più antico, arrivando addirittura a coincidere con la nascita del pianeta, l'Eone Archeano, che comprende il periodo che va dalle origini del pianeta a 2 miliardi e mezzo di anni fa. Dato che all'epoca non c'erano piante né animali, ma solo microbi, il terreno doveva apparire molto diverso.

E LA ROCCIA?

La componente minerale del terreno è costituita da minuscoli frammenti di roccia frantumati dall'erosione e in seguito trasportati da acqua, vento o ghiaccio.

I minerali tipicamente presenti nel terreno sono quarzo (ossido di silicio), calcite (carbonato di calcio), feldspato (anche chiamato biotite, un composto che contiene potassio, magnesio, ferro, alluminio, silicone e ossigeno) e mica (detta anche biotite, un composto contenente potassio, magnesio, ferro, alluminio, silicone e ossigeno). La maggior parte di queste componenti tendono a essere di colore bianco, grigio o marroncino, anche se delle impurità possono conferirle sfumature diverse.

Di solito il terreno è marrone a causa del carbonio presente nell'*humus*, ma se il terreno è particolarmente povero di componente organica e si presenta principalmente minerale, può assumere il colore del minerale dominante. Il terreno nelle Hawaii ha per esempio una sfumatura rossastra per via del suo alto contenuto di ferro: la ruggine, che è ferro combinato con l'ossigeno (ossido di ferro), è infatti di colore marrone-rossiccio.

I geologi chiamano "terreno" alcune sostanze che molti chiamerebbero sabbia. Così, i deserti possono avere "terreno" che appare bianco, nero (sabbia vulcanica), giallo, rosso o addirittura verde (sabbia di olivina, presente alle Hawaii). Presenti soprattutto in luoghi particolarmente poveri di vegetazione e vita animale, questi terreni sono caratterizzati da un alto contenuto di minerali e da pochissimo *humus*.

UNA PROFUSIONE DI MICROBI

Si pensa che per ogni grammo di terreno siano presenti fino a un miliardo di cellule, che rappresentano tra le 50.000 e il milione di specie diverse di microbi. La maggior parte di queste specie non sono ancora state descritte.

E PERCHÉ IL CIELO È BLU?

Quando la luce raggiunge l'atmosfera terrestre, rimbalza sulle molecole di gas e si diffonde. La luce che proviene dal Sole è bianca (o, più precisamente, contiene tutti i colori dell'arcobaleno mischiati insieme così da apparire bianca). Poiché la radiazione blu è la luce con lunghezza d'onda più breve, si diffonde di più della luce di altri colori. In una giornata senza nuvole vedrai che il cielo è più blu sopra la tua testa di quanto non lo sia all'orizzonte. Il motivo è che la luce all'orizzonte è stata ripetutamente dispersa da più aria. È rimbalzata in giro così tanto che una parte di questa ci ritorna di nuovo ricomposta in luce bianca.

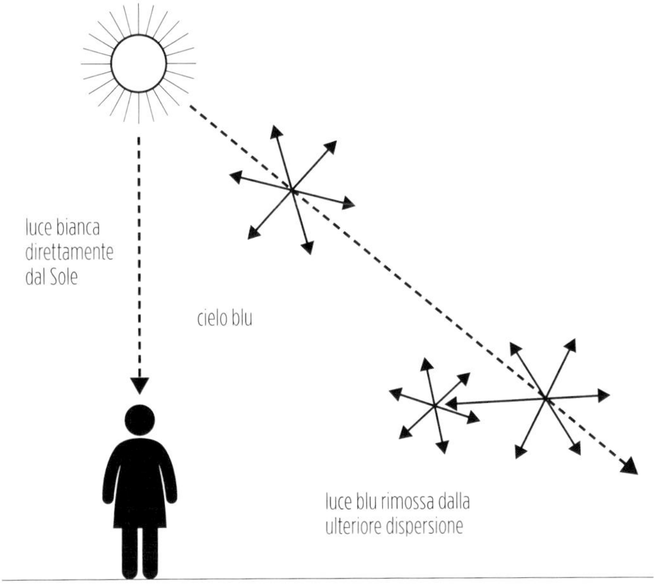

Il colore del cielo vicino alla linea dell'orizzonte è influenzato dalla dispersione della luce.

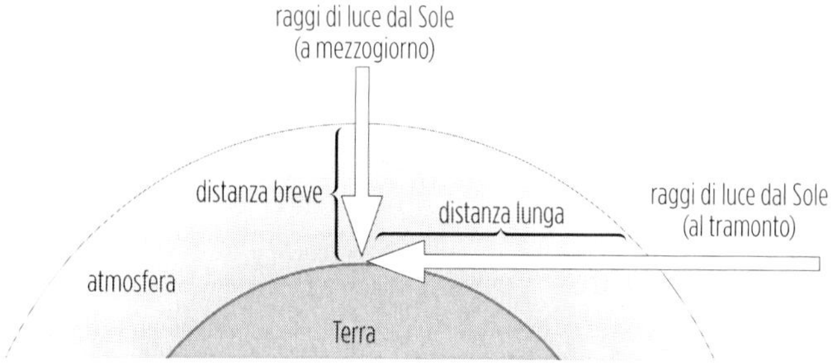

Al tramonto, la luce del Sole copre una maggiore distanza per giungere ai tuoi occhi dall'orizzonte rispetto a quando viaggia perpendicolarmente dall'alto a mezzogiorno.

All'alba e al tramonto, il Sole è basso nel cielo e la luce deve attraversare una porzione di atmosfera più grande per arrivare ai nostri occhi (perché c'è una distanza maggiore dall'orizzonte rispetto al limitare dell'atmosfera quando invece si guarda verso l'alto). Così può arrivare fino ai tuoi occhi sempre più luce gialla, o persino rossa. L'effetto è addirittura più pronunciato quando l'aria è piena di particelle di polvere o di liquido, ed è per questo che l'inquinamento e le eruzioni vulcaniche possono dare vita a tramonti spettacolari.

CAPITOLO 6

PERCHÉ NON ANDIAMO SU MARTE?

SONO PASSATI PIÙ DI 50 ANNI
DA QUANDO SIAMO ANDATI SULLA LUNA.
È MARTE LA PROSSIMA LOGICA
DESTINAZIONE PER LA SPECIE UMANA?

CHE COSA CE LO IMPEDISCE?

Ci sono molti problemi da risolvere prima di poter inviare delle persone su Marte, anche se la NASA e alcune imprese commerciali indipendenti sperano di poterli risolvere per inviare un equipaggio entro i prossimi venti anni. Alcuni di questi problemi sono i seguenti:

- Marte è lontanissimo;
- Bisogna risolvere il problema complicato di tenere gli esseri umani in vita, e in buona salute fisica e mentale, per tutta la durata del viaggio (andata e ritorno);
- Non siamo al momento in grado di trasportare una quantità di carburante e provviste sufficienti per l'intero viaggio;
- Far atterrare una navicella spaziale su Marte è molto complicato, come lo è farla decollare.

QUANTO MANCA?

La distanza che separa la Terra dalla Luna equivale a 384.400 km. Per percorrere questa distanza in automobile bisognerebbe guidare 160 giorni a 100 km/h, 24 ore al giorno. Guidare fino a Marte, nel momento in cui è più vicino al nostro pianeta, vorrebbe dire guidare per 23.360 giorni (quasi 64 anni).

TANTO, TANTO LONTANO

Marte e la Terra percorrono orbite diverse. Marte impiega 687 giorni terrestri per ruotare intorno al Sole, la Terra 365 giorni e sei ore: le loro orbite non sono sincronizzate. Questo significa che i due pianeti a volte sono più vicini e a volte più lontani fra loro. Nel momento di minore distanza sono separati da "appena" 54,6 milioni di km. Nel punto di massima lontananza tra loro ci sono invece circa 400 milioni di km. La distanza media tra la Terra e Marte corrisponde a circa 225 milioni di km. La distanza minima tra i due pianeti non si verifica a intervalli regolari. Nell'agosto del 2003 Marte e la Terra si sono trovati vicini come mai era successo nei precedenti 60.000 anni, e si ritroveranno ancora alla stessa distanza il 28 agosto 2287, dopo soli 284 anni. La vicinanza tra i due non dipende esclusivamente dalle loro orbite, ma anche dagli effetti della gravità esercitata dagli altri pianeti.

Se dovessimo organizzare una spedizione su Marte, dovremmo rendere il viaggio di andata e ritorno il più corto possibile. Non avrebbe senso partire quando Marte e la Terra si trovano a 400 milioni di km di distanza. E poi c'è da considerare il viaggio di ritorno. Se scegliessimo per partire il momento

Distanza tra Terra e Marte

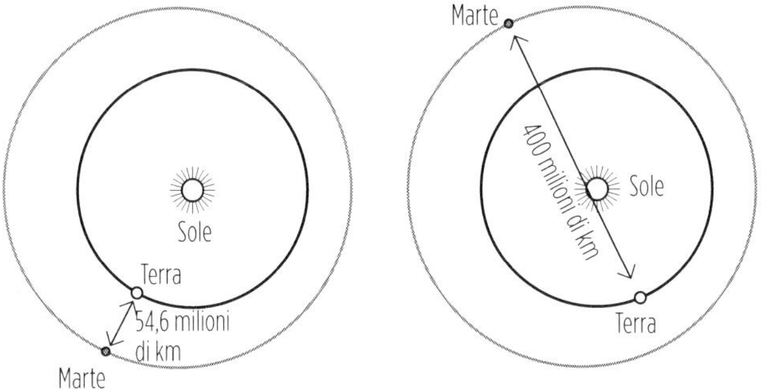

Distanza minima *Distanza massima*

Le orbite della Terra e di Marte sono inclinate in maniera diversa.

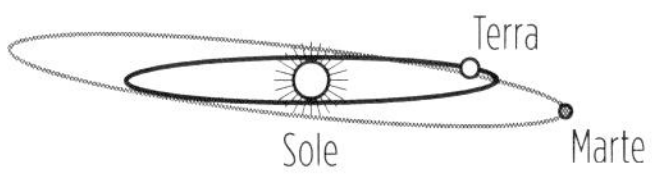

di maggiore vicinanza, il ritorno sarà necessariamente più lungo, perché nel frattempo i pianeti si saranno allontanati. Di quanto, dipende dal tempo impiegato per arrivare a destinazione e dalla durata del soggiorno sul pianeta prima di tornare indietro.

La traiettoria che una navicella dovrà seguire per andare su Marte non sarà una linea retta: la navicella dovrà invece entrare in un'orbita intorno al Sole che prima o poi la porterà in congiunzione con Marte.

La mappa del percorso (vedi qui sotto) è scelta e pensata per risparmiare tempo. La data favorevole per il lancio si verifica ogni 26 mesi.

Con l'attuale tecnologia dei razzi, il viaggio per Marte durerebbe 9 mesi all'andata e 9 al ritorno. Gli astronauti dovrebbero inoltre restare su Marte (o in orbita intorno a Marte) dai 3 ai 4 mesi, in attesa del momento in cui la Terra si trovi nella giusta posizione per cominciare il viaggio di ritorno. Così, la durata totale del viaggio sarebbe di almeno 21 mesi.

Percorso Terra-Marte

STRESS E TENSIONI

Trovarsi nello spazio, in assenza di gravità, non è ideale per il corpo umano. Così come non è salutare a livello psicologico essere rinchiusi per 21 mesi in un angusto veicolo spaziale insieme a un numero ristretto di persone. Perciò fare in modo che gli astronauti restino in vita, in buona salute e sani di mente per l'intera durata del viaggio sarà una vera sfida.

Durante i viaggi spaziali, il corpo degli astronauti è soggetto a molteplici stress, come dimostrato dallo studio sugli astronauti che hanno abitato a lungo nelle stazioni spaziali. Il record di durata per un singolo volo spaziale è detenuto dal cosmonauta Valeri Polyakov che rimase a bordo della stazione *Mir* per 437 giorni. Ma il viaggio di ritorno da Marte sarebbe 200 giorni più lungo.

Alcuni dei pericoli di un lungo viaggio spaziale sono:

- Bombardamento di protoni originati da eruzioni solari, raggi gamma da buchi neri appena formati e raggi cosmici derivanti da esplosioni stellari. Un viaggio verso la Luna è quasi completamente al sicuro da questi rischi, perché sono deflessi dalla Terra. Per meglio proteggere gli astronauti, la NASA sta studiando una navicella con materie plastiche, nanotubi di carbonio o persino provare ad avvolgerla in un serbatoio di idrogeno liquido.
- Gravità più bassa e microgravità: i nostri corpi sono abituati a funzionare sotto la pressione della forza di gravità, e senza di essa i nostri muscoli deperiscono velocemente (atrofia) e le ossa perdono densità diventando più inclini alle fratture. E poiché il cuore è un muscolo, un cuore indebolito sarebbe un problema per gli astronauti una volta tornati sulla Terra. E gli astronauti potrebbero anche essere troppo deboli per svolgere un lavoro fisico una volta arrivati su Marte.

Per evitare questi problemi, sulle stazioni spaziali gli astronauti fanno esercizio fisico regolarmente. In un viaggio di questa durata avrebbero bisogno di un programma di allenamento ben definito e probabilmente di attenersi a un'apposita dieta.

- Trovarsi rinchiusi a lungo con un numero limitato di persone sottoporrà necessariamente gli astronauti a un grande stress psicologico. In mancanza di libertà e aria fresca sarà una vera sfida fare in modo che siano felici e sani di mente.

FREDDO, ARIDO E DESOLATO

Marte è freddo (la temperatura media è di -62°C), arido, ovviamente disabitato, e talvolta le tempeste di sabbia ne oscurano il cielo per settimane. Se vi dovessimo fondare una colonia, bisognerebbe riuscire a farci crescere del cibo, estrarre acqua, produrre energia e assicurare un ricambio d'aria negli spazi abitativi.

La forza di gravità è più debole, appena il 38% di quella terrestre. Questo vuol dire che una persona che sulla Terra pesa 100 kg, su Marte peserà solo 38 kg. Ossa e muscoli, poiché soggetti a uno sforzo minore, si indeboliranno. La pressione atmosferica corrisponde a circa 1% di quella terrestre. I coloni dovranno sempre indossare caschi e serbatoi d'aria quando si troveranno all'esterno degli ambienti protetti.

UN'ASTRONAVE ENORME

Un'astronave che possa portare un equipaggio umano su Marte dovrà essere molto più grande di quelle che in passato vi hanno trasportato dei veicoli robotici (rover). Dovrà trasportare l'attrezzatura e l'equipaggio per la missione, le provviste e il carburante. Un equipaggio, per sopravvivere 21 mesi lontano dal pianeta Terra, ha bisogno di una grande quantità di cose ingombranti, come provviste, acqua e medicinali. Secondo le stime della NASA, il peso totale delle scorte necessarie a un equipaggio di sei astronauti si aggirerebbe intorno 1400 tonnellate. Un vettore è capace di portare nello spazio circa 22,5 tonnellate, perciò per inviare tutto il necessario a costruire e rifornire la nave spaziale servirebbero più di 60 lanci. Persino il modulo d'atterraggio dovrebbe avere una massa almeno 10 volte superiore a quelli usati su Marte fino a ora.

TUTTO QUEL CARBURANTE

Il problema delle cose pesanti è che per muoversi consumano più energia e, perciò, più carburante ($F = m \times a$, la forza è pari alla massa per l'accelerazione). Gran parte del carburante serve al decollo: uscire dal campo di gravità richiede ogni volta molta energia. Il carburante serve anche per rallentare l'avvicinamento agli altri pianeti, per regolare la velocità in modo che il velivolo possa essere catturato dalla gravità e atterrare in sicurezza sulla superficie.

Il carburante che serve al decollo dal pianeta Terra non rappresenta un problema, poiché deve solo essere trasportato fino alla rampa di lancio. Di solito un'astronave decollata dalla Terra brucia il carburante per poi liberarsi dei moduli che lo contenevano, così che il velivolo che viaggerà attraverso lo spazio sia molto più piccolo. Il resto del carburante rappresenta un problema maggiore, perché l'astronave deve trasportarlo. Così l'astronave deve essere ancora più grande perché deve portare più carburante, e poi ancora più grande, così ha bisogno di *ancora più carburante*… e così via.

Le navi spaziali hanno bisogno, per viaggiare attraverso lo spazio, di una quantità di carburante relativamente limitata. In assenza di resistenza da parte dell'aria, non c'è nulla che le rallenti una volta che hanno cominciato a muoversi, così l'inerzia le tiene in movimento lungo la stessa traiettoria. Quando la nave spaziale si avvicina a Marte, dovrà rallentare abbastanza da essere catturata dalla gravità di Marte ed essere attratta nell'orbita.

Di solito le navicelle fanno uso di retrorazzi frenanti, che servono a fornire una spinta all'indietro quando la navicella deve rallentare. Ma questo significa trasportare carburante anche per far funzionare quei razzi. La NASA potrebbe usare una tecnica chiamata "aerocattura", che consiste nel far precipitare l'astronave verso Marte per rasentarne l'atmosfera, e poi servirsi dell'attrito con l'atmosfera (*drag*) per farla rallentare. Però la traiettoria deve essere calcolata con esattezza. Se il velivolo si avvicina troppo, il calore causato dall'attrito lo brucerà completamente nonostante qualsiasi scudo termico, per quanto sofisticato possa essere. Se non si avvicina a sufficienza non rallenterà abbastanza e sfreccerà oltre il pianeta. Infine, la navicella dovrà tornare da Marte alla Terra. Questo significa far decollare il modulo di atterraggio perché si riunisca alla nave principale in orbita e farla uscire dall'orbita di Marte per metterla in viaggio verso la Terra.

ANDATA E RITORNO

Atterrare su Marte è complicato. Ci sono stati tanti incidenti nel passato; approssimativamente due terzi delle circa 40 missioni su Marte sono fallite a un certo punto tra il momento del lancio e dell'atterraggio sul pianeta. La primissima missione, *Mars 2*, partita dall'URSS, si schiantò al momento dell'atterraggio durante una tempesta di sabbia.

Benché col tempo la percentuale di successo sia migliorata, la fase di atterraggio è ancora lontana dall'essere a prova di errore. Sembra probabile che una grande parte della nave resti in orbita attorno a Marte e che un modulo di atterraggio più piccolo sia inviato sulla superficie. Il modulo orbitante potrebbe assicurare un supporto e un rifugio sicuro (e anche, se necessario, far giungere provviste o lanciare una missione di salvataggio d'emergenza).

ABBANDONATO SU MARTE?

Nel film *Sopravvissuto - The Martian* (2015), Matt Damon interpreta il ruolo di un astronauta che, creduto morto, viene lasciato sulla superficie di Marte. Al risveglio cerca di sopravvivere con le scarse risorse che gli restano, mentre i suoi colleghi e la stazione di controllo sulla Terra tentano una missione di salvataggio. Poiché una missione spaziale richiede anni di preparazione, la probabilità di un salvataggio tempestivo pare remota.

Il film è stato proiettato sulla Stazione Spaziale Internazionale il 19 settembre 2015.

Il modulo di atterraggio dovrà essere di dimensioni notevoli, molto più grande di quanto usato fino a ora, e questo complica ulteriormente l'atterraggio. I moduli usati fino a oggi sono muniti di gambe o di airbag. Il modulo arriva a qualche metro dalla superficie, servendosi di retrorazzi per rallentare fino a rimanere sospeso, poi si lascia cadere. Un modo potrebbe essere usare una "gru del cielo", un meccanismo che poggerebbe il modulo delicatamente sulla superficie quando i retrorazzi compensano esattamente la gravità (cioè quando la navicella è stazionaria, ma sospesa sopra la superficie).

Un sistema simile fu impiegato per l'atterraggio su Marte del rover *Curiosity*. Resta di cruciale importanza la scelta del luogo e del momento dell'atterraggio: rocce troppo grosse, una pendenza eccessiva o una grande tempesta di sabbia bastano a far fallire qualsiasi tipo di atterraggio.

Fino a ora nessun campione di roccia o di suolo è stato portato sulla Terra da Marte per via della difficoltà di far decollare un velivolo da un pianeta lontano. Su Marte non c'è nessuna delle infrastrutture necessarie al lancio di un velivolo che abbiamo sulla Terra. La gravità è di circa 4 volte superiore a quella lunare, perciò è molto più difficile che far decollare il modulo dell'*Apollo*. La grandezza del modulo, unita alla gravità e all'atmosfera di Marte, fa sì che per decollare servirà molto più carburante rispetto a quello usato per la missione lunare. Sembra verosimile, quindi, come ha detto l'astronomo britannico sir Martin Rees, che le prime missioni su Marte saranno dei viaggi di sola andata.

PERCHÉ NON MANDARE UN ROBOT?

Perché non costruiamo dei robot estremamente avanzati e non li mandiamo su Marte al posto delle persone? Dopo tutto, le macchine resisterebbero meglio di noi alle condizioni del viaggio. Ma gli esploratori umani possono fare cose che una macchina non è in grado di fare (vedi *È possibile che macchine intelligenti assumano il controllo?* a pagina 197), così la soluzione migliore è mandare persone supportate da macchine intelligenti. Così da soddisfare l'umana fame di avventura lasciando fare alla tecnologia il lavoro più faticoso.

CAPITOLO 7

È POSSIBILE RIPORTARE IN VITA I DINOSAURI?

LA PREMESSA DEL ROMANZO DEL 1993 DI MICHAEL CRICHTON *JURASSIC PARK* (E DEI NUMEROSI FILM CHE ISPIRÒ) È CHE POSSIAMO RICREARE I DINOSAURI A PARTIRE DAI RESTI DEL LORO DNA.

Jurassic Park era un parco popolato da dinosauri clonati da resti di DNA estratto da zanzare che avevano succhiato sangue di dinosauro; gli insetti erano intrappolati in resina di pino che si era solidificata diventando ambra. Oltre 65 milioni di anni dopo, gli scienziati avevano estratto il DNA per impiantarlo in un uovo vivente. È davvero fattibile?

MORTO, MA ANCORA QUI

Quando un organismo vivente muore, comincia a decomporsi. Prima che questo processo abbia luogo sarebbe possibile, in teoria, prendere un campione di tessuto e creare un clone dell'organismo a partire dal suo DNA (vedi *Che differenza c'è tra una persona e una lattuga?* a pagina 207): si preleva il DNA da una cellula di un animale morto e la si introduce in una cellula uovo di un altro animale della stessa specie. Il nucleo della cellula ospitante viene rimosso, così l'intero DNA del nuovo organismo viene dall'animale originale. La cellula uovo diventa un embrione che è una copia esatta (un clone) dell'animale, e viene impiantato in una madre surrogata della stessa specie. Il primo mammifero clonato in questa maniera fu una pecora, Dolly, nel 1996 in Scozia.

Nel corso del processo di decomposizione, estrarre il DNA diventa più difficile. Alcuni tessuti si decompongono più velocemente di altri, e dato che quasi tutte le cellule contengono DNA, è spesso possibile estrarre DNA anche molto tempo dopo la morte, se si ha a disposizione l'intero corpo. Il DNA si conserva molto di più se il corpo è congelato. Non è necessario che sia appositamente congelato in condizioni di laboratorio. È stato possibile recuperare del DNA di mammut da resti conservati nel permafrost siberiano. Questi ritrovamenti sono molto utili agli scienziati, perché permettono di confrontare il corredo genetico dei mammut con quello dei loro discendenti più prossimi oggi viventi, gli elefanti. Alcuni scienziati sperano addirittura che sia possibile ricreare i mammut, forse usando il DNA estratto da resti congelati, usando l'ovulo di un'elefante femmina privato del suo nucleo.

Fino a oggi nessun tentativo di riportare tra noi animali estinti ha avuto successo. Un esperimento di de-estinzione, cioè la creazione, tramite tecniche di ingegneria genetica, di esemplari molto simili a specie estinte, è stato condotto nel 2009 con un esemplare di lince iberica, che però è morto poco dopo la nascita a causa di difetti polmonari. Invece è stato possibile clonare esemplari di animali a rischio di estinzione. In teoria è quindi possibile riportare in vita animali estinti come il mammut, sempre che il DNA sia sufficientemente integro.

DNA

Con l'eccezione di alcuni virus, che si trovano in un limbo tra gli esseri viventi e le cose inanimate, tutti gli organismi dispongono di materiale genetico chiamato DNA (acido desossiribonucleico). Il DNA si presenta come una macromolecola lunga e complessa che trasporta un codice espresso dalla disposizione di gruppi molecolari chiamati "basi". Esistono quattro basi: citosina, guanina, adenina, timina. Si presentano sempre in coppie, e queste coppie sono sempre costanti: ogni citosina è sempre in coppia con la guanina, e ogni adenina con la timina.

Quasi tutte le cellule del corpo contengono una copia del DNA dell'organismo, organizzato in geni lungo sottili filamenti chiamati cromosomi. La particolare struttura del DNA caratterizza quello specifico organismo. Tutti gli organismi della stessa specie contengono geni e cromosomi equivalenti, ma le leggere variazioni nelle sequenze esatte delle basi nel DNA sono all'origine delle differenze tra i particolari individui.

E I DINOSAURI?

Sfortunatamente lo scenario prefigurato in *Jurassic Park* non è plausibile. Il DNA si deteriora abbastanza velocemente (migliaia di anni), e non potrebbe sopravvivere per i 65 milioni di anni che ci separano da quando morì l'ultimo dinosauro, neppure se fosse rimasto intrappolato nell'ambra. Un gruppo di ricerca della Murdoch University in Australia Occidentale ha stabilito che la sopravvivenza massima del DNA è di 6,3 milioni di anni, un decimo del tempo intercorso dall'estinzione dei dinosauri.

Se anche trovassimo del DNA di dinosauro, per ottenere un clone dovremmo immetterlo in un ovulo compatibile, che non abbiamo. L'ovulo di un pollo o di un coccodrillo (come in *Jurassic Park*) probabilmente non funzionerebbe. Servirebbe l'ovulo del dinosauro "giusto". Se estraessimo del DNA da un campione di sangue non sapremmo neppure a quale dinosauro appartiene: il DNA non ha un biglietto da visita, perciò non c'è modo di saperlo. Ma se anche avessimo una grande quantità di DNA e l'ovulo giusto, in questo DNA ci sarebbero comunque dei "buchi" che dovremmo riempire col DNA di qualcos'altro. In *Jurassic Park*, in assenza dei geni degli intestini dei dinosauri, utilizzavano il DNA di rana. Potremmo davvero chiamare "dinosauro" questo strano incrocio?

FATTI IL TUO DINOSAURO

Se il DNA ritrovato non funziona, c'è un'alternativa per riportare in vita i dinosauri? Potrebbe esserci un modo per ricrearli, non facendoli rivivere come erano, ma ottenendo qualcosa di simile. Il paleontologo Jack Horner ha proposto di usare la manipolazione genetica inversa per ricreare un dinosauro modificando il corredo genetico degli uccelli. Ciò richiederebbe l'aggiunta progressiva di caratteristiche di dinosauro, percorrendo a ritroso il cammino evolutivo. Il risultato non sarebbe un tipo di dinosauro effettivamente esistito ma potrebbe darci, se funzionasse, qualcosa di simile a un dinosauro.

UCCELLI DERIVATI DAI DINOSAURI

È spesso detto che gli uccelli si siano evoluti dai dinosauri circa 150 milioni di anni fa. A essere precisi, gli uccelli *sono* dinosauri cosiddetti "aviani", mentre i dinosauri estinti sono del tipo "non-aviano". In altre parole, gli uccelli sono dinosauri, anche se non del tipo che la parola "dinosauro" evoca nella nostra immaginazione. Gli uccelli sono un'evoluzione dei dinosauri teropodi, cioè quelli, come il *Tyrannosaurus rex,* che camminavano su possenti zampe posteriori ed erano generalmente carnivori. Come gli uccelli, molti dinosauri erano probabilmente muniti di piume. È possibile che alcuni avessero aculei o protopiume, e persino un tirannosauro, da cucciolo (o pulcino), potrebbe essere stato munito di una lanugine. Tutti i dinosauri, come gli uccelli, deponevano le uova.

PLEISTOCENE PARK

Il Pleistocene Park è una riserva in Siberia in cui lo scienziato russo Sergey Zimov sta attuando il progetto di ricreare l'habitat della steppa subartica dell'ultima era glaciale. Secondo Zimov fu la caccia intensiva, e non il cambiamento climatico, a decretare la scomparsa dei grandi mammiferi siberiani, inclusi i mammut. Se fosse possibile ricrearle, le praterie aiuterebbero a conservare il permafrost, e a limitare la fuoriuscita di metano che si sprigiona dal permafrost che fonde, limitandone così gli effetti sul cambiamento climatico. Zimov spera anche di riuscire a ricreare i mammut attraverso un processo di de-estinzione.

I dinosauri non-aviani avevano becchi o musi dentati, code ossute, dita separate sugli arti anteriori (vere e proprie dita), munite di artigli. Queste caratteristiche sono assenti nella maggior parte degli uccelli oggi esistenti. L'unica eccezione conosciuta è l'hoatzin in Sud America, i cui pulcini sono muniti di artigli su due delle loro dita alari. L'hoatzin (detto anche uccello puzzola) è considerato l'ultimo sopravvissuto di una stirpe estinta 64 milioni di anni fa, appena un milione di anni dopo l'estinzione dei dinosauri non-aviani. Il più antico dinosauro dalle sembianze di un uccello di cui siamo a conoscenza è l'*Archaeopteryx*. Aveva piume, la forma di un uccello, e ali. Però aveva anche un becco dentato, artigli sulle ali e, sotto le piume, un coccige allungato. Sappiamo questo grazie al ritrovamento di fossili in ottimo stato di conservazione.

"Quello che stiamo facendo è cercare di identificare il percorso storico che l'evoluzione ha intrapreso per passare dai dinosauri agli uccelli. Poi possiamo semplicemente invertirlo fino ad avere un animale che ha più o meno le sembianze di un dinosauro."
Jack Horner, Professore di Paleontologia, Montana State University

Il vero rompicapo, per quelli che vogliono ricreare un dinosauro, è scoprire quali pezzetti di DNA corrispondono al muso, ai denti, al coccige, alle dita, agli artigli e così via. Sarebbe impossibile creare, a partire dagli uccelli, un dinosauro che non abbia con questi nessun legame di parentela, come un triceratopo, un diplodoco o un anchilosauro.

DINOSAURI DAGLI UCCELLI

Il piano di Horner sembra follia pura, e questa impressione è condivisa anche da tanti paleontologi. Però nel 2015, scienziati di Yale e Harvard annunciarono di essere riusciti a interrompere l'azione di proteine che inducono gli uccelli a sviluppare il becco, e di aver forzato l'embrione di un pollo a sviluppare, al suo posto, un muso.

Il becco di un uccello è formato da due gruppi (*patches*) di cellule nell'embrione che si estendono e si trasformano in un tessuto indurito che si protende dalla bocca. Anche in altri animali esistono gli stessi "*patches*", ma sono più piccoli e crescono in modo diverso, andando a fare parte della mascella. I denti anteriori sono impiantati in quel pezzo di osso. Grazie a un prodotto chimico usato per interrompere l'azione delle proteine nell'embrione, i ricercatori sono riusciti a fermare la formazione di un becco e fare in modo che quelle cellule andassero invece a formare un osso mascellare.

DINOSAURI, INSETTI E ALBERI

L'idea che regge *Jurassic Park* è che il DNA di dinosauro possa essere recuperato dal sangue presente nel ventre di insetti che se ne erano nutriti e rimasti intrappolati nell'ambra, una resina emessa dagli alberi e fossilizzata. In realtà, se il DNA di dinosauro fosse preservato nel sangue rimasto all'interno di un insetto, sarebbe molto difficile separarlo dal DNA dell'insetto, nonché dal DNA di qualsiasi altra cosa che l'insetto abbia mangiato. In mancanza di altro DNA di dinosauro da poter confrontare, gli scienziati non saprebbero quali frammenti vanno insieme e quali invece appartengono a un organismo diverso.

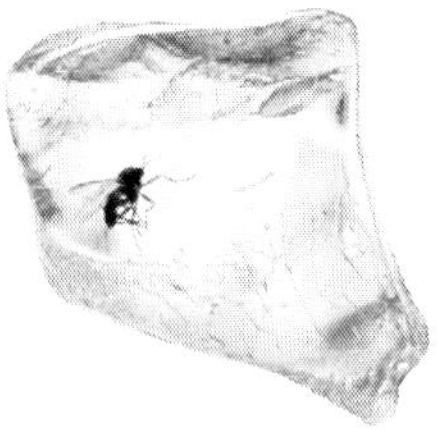

Altri paleontologi che sognano di ricreare un dinosauro hanno studiato il modo di allungare il coccige dei polli, riportare le scaglie al posto delle piume e aggiungere denti al becco. Uno di questi questi è Hans Larsson della McGill University in Canada. È convinto che molti dei geni di dinosauro siano preservati nel DNA degli uccelli attuali e potrebbero essere riesumati, risultando in caratteristiche tipiche dei dinosauri come denti e code.

Larsson notò che, in una fase iniziale, l'embrione del pollo ha una coda di 16 vertebre, ma solo 5 al momento in cui esce dall'uovo. Inibendo il gene responsabile di questo ri-assorbimento avremmo un pulcino con la coda: un altro piccolo passo sulla strada che potrebbe portarci ad avere un dinosauro.

DINOSAURI O NO?

Non tutti gli esperti sono convinti che lo sviluppo di una coda o di una mascella munita di denti rappresenti davvero una tappa verso la de-evoluzione degli uccelli, ma se lo fossero, e se altre, simili, potessero interferire con altri aspetti dello sviluppo, sarebbe possibile avere uno pseudo-dinosauro. Potremmo davvero considerarlo un dinosauro? Come ha fatto notare Horner, sarebbe possibile creare un dinosauro secondo un nostro preciso progetto, come un micro-stegosauro da compagnia. Ma potremmo chiamarlo tale se non ha il DNA di dinosauro? Lo stesso Horner ammette che da un punto di vista biologico la risposta è no. Un pollo che somiglia a un dinosauro (un pollosauro, come lo chiamerebbe Horner), sarebbe sempre un pollo, solo modificato. Ma i visitatori di un futuro, vero *Jurassic Park*, potrebbero accontentarsi.

EVOLUZIONE NELL'EMBRIONE

Sono tanti gli organismi i cui embrioni presentano delle caratteristiche che sono state geneticamente disattivate ma che, in tempi ancestrali, sarebbero forse state espresse in pieno. L'osservazione di questo fatto ha portato alla credenza, erronea, che gli animali ripercorrono tutte le varie tappe della loro evoluzione nel corso del loro sviluppo embrionale.

CAPITOLO 8

È POSSIBILE CHE UN SUPERVULCANO CI STERMINI TUTTI?

I VULCANI POSSONO RIMANERE DORMIENTI PER CENTINAIA DI ANNI, MA PIÙ È LUNGO IL PERIODO DI INATTIVITÀ, PIÙ L'ERUZIONE AVRÀ CONSEGUENZE CATASTROFICHE.

A intervalli regolari, qualcuno lancia l'allarme sulla possibile eruzione di un supervulcano che potrebbe sterminarci tutti. È un soggetto perfetto per un film apocalittico, ma quali sono le probabilità che accada davvero?

DAI PICCOLI VULCANI AI SUPERVULCANI

I vulcani non sono tutti uguali. Alcuni eruttano poco ma frequentemente, con danni relativamente contenuti. Altri hanno eruzioni violente, ma più rare, spesso con conseguenze più considerevoli. Altri ancora restano inattivi per secoli, persino millenni, e quando eruttano il risultato è catastrofico. Fra quelli più distruttivi sono da contare i supervulcani, più grandi e potenti di quelli comuni. Essi sono inoltre talmente grandi da essere difficili da individuare: non hanno la forma di una montagna imponente o di un largo scudo, e di essi possiamo solo vedere un avvallamento nel terreno. Una larghissima caldera (un cratere vulcanico) dal diametro di svariati kilometri può avere l'aspetto di un lago tranquillo o di una valle fertile, ma rappresenta in realtà una minaccia mortale che aspetta solo il momento giusto di scatenarsi.

Il magma si accumula sotto un supervulcano per migliaia di anni. È così caldo che scioglie la crosta che lo circonda, che si aggiunge al magma aumentandone il volume e la pressione che esercita. Quando infine si verifica l'eruzione, essa è alimentata da un immenso volume di magma sotto pressione e gli effetti sono davvero devastanti. Quando è tutto finito, la terra collassa nella camera magmatica ormai vuota creando un enorme bacino, la caldera. Nell'arco della storia documentata non ci sono state eruzioni di supervulcani, ma le tracce geologiche ci permettono di avere un'idea del loro impatto. E ci sono caldere create da precedenti eruzioni che ci indicano dove si trovavano (o si trovano ancora) i supervulcani.

MISURARE ERUZIONI

L'intensità delle eruzioni è misurata attraverso l'Indice di Esplosività Vulcanica (VEI) su una scala da 1 a 8. Ciò valuta le eruzioni in base all'altezza della colonna di cenere, lava e fumo che fuoriesce dalla sommità del vulcano, dalla massa di lava e cenere espulse e dalla durata dell'eruzione. Nel 1980, l'eruzione del Monte Saint Helens, negli Stati Uniti, fu valutata circa di grado 5. Probabilmente l'eruzione del Vesuvio che distrusse la città di Pompei sarebbe stata valutata come un grado 5 pieno. Di grado 6 fu invece l'eruzione di Krakatoa, in Indonesia, che nel 1886 fu sentita a centinaia di kilometri di distanza e la cui polvere fece il giro del mondo. Tambora, che causò due anni di raffreddamento a livello globale quando eruttò nel 1815, era di grado 7. I supervulcani sono valutati a partire dal grado 8.

UNA VOLTA, TANTO TEMPO FA...

L'ultima eruzione di un supervulcano fu a Toba, in Indonesia (VEI 8). Ne risultò una caldera che ha formato il lago Toba, lungo 100 km e largo 50 km. L'eruzione avvenne circa 75.000 anni fa, ma fu solo nel 1971 che furono scoperte le prove di questo evento (e dell'esistenza dei supervulcani). L'eruzione fu 10.000 volte più potente di quella del Monte Saint Helens del 1980. L'impatto di questa super-eruzione è oggetto di dibattito tra gli scienziati: per alcuni di loro a questa eruzione è collegato un periodo di raffreddamento durato 1000 anni, e fu la causa del rallentamento evolutivo dell'essere umano circa 70.000 anni fa, quando la popolazione si ridusse fino a contare solo tra le 1000 e le 10.000 coppie grado di riprodursi. Questo fenomeno ha interessato anche altre specie animali nello stesso periodo.

Forse gli esseri umani hanno già rischiato di estinguersi per un supervulcano e il cambiamento climatico innescato dalla sua eruzione. L'eruzione di Toba ha sparso intorno a sé circa 3000 km^3 di cenere e lava, che per i primi anni potrebbero aver causato un raffreddamento del clima di 15 °C.

A CONO, A SCUDO E STRATOVULCANI

Non tutti i vulcani assomigliano a montagne, e alcuni non somigliano per nulla al vulcano "tipico" .

- I *vulcani a cono* o *coni di scorie* presentano una forma conica e sono in genere di piccole dimensioni, tra i 40 e i 400 metri di altezza. Si trovano a volte sui fianchi di vulcani più grandi e normalmente eruttano una volta sola.

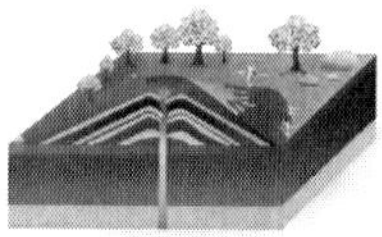

- I *vulcani a scudo* si presentano come basse collinette dall'ampio diametro, la cui forma ricorda uno scudo. Si formano quando la lava erutta lentamente e percorre una certa distanza prima di solidificarsi. La loro formazione è graduale e richiede anni se non secoli.

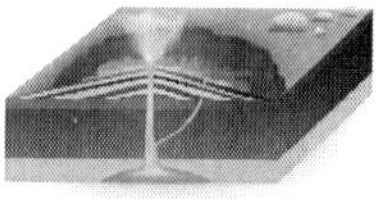

- Gli *stratovulcani* hanno la forma di montagne, che si formano grazie all'accumulo di lava e cenere di ripetute eruzioni. Le loro eruzioni sono di solito esplosive, caratterizzate da devastanti maree di lava e dal lancio di agglomerati di roccia semifusa a grande distanza. Ne risultano venti incandescenti che viaggiano a centinaia di kilometri orari e imponenti nuvole di cenere e polvere che rendono l'aria irrespirabile.

CATASTROFI VULCANICHE

"Una densa nuvola nera venne alle nostre spalle, stendendosi sopra la terra come un'onda... cadde l'oscurità, non quella di una notte senza luna o nuvolosa, ma come se una lampada fosse stata spenta in una stanza chiusa. [Molti pensarono] che l'universo sarebbe sprofondato in un'oscurità eterna."

Plinio il Giovane, 79 d.C.

Nel corso della storia è stato documentato un numero sufficiente di eruzioni catastrofiche perché possiamo avere un'idea di quello che potrebbe capitarci se un supervulcano dovesse svegliarsi dal letargo. Nell'anno 79 d.C. l'eruzione del Vesuvio che cancellò la città romana di Pompei fu descritta dall'allora diciottenne Plinio il Giovane. L'impressione era che fosse giunta la fine del mondo, perché nessuno sospettava che il Vesuvio fosse un vulcano fino a che sulle città e campagne cominciarono a cadere pietre ardenti e cenere soffocante. Eppure l'eruzione del Vesuvio era appena VEI 5.

COME FUNZIONANO I VULCANI

Sotto la superficie della Terra si trova uno spesso strato di roccia semi-liquida e incandescente chiamato magma. Le masse continentali e i fondali oceanici si trovano su "placche" di roccia poggiate sopra il magma. Nel punto in cui le placche si incontrano, o nelle vicinanze, e in alcune "zone calde" (*hotspot*), il magma si apre un passaggio verso la superficie, dove prende il nome di lava. Alcuni vulcani producono continuamente lava, altri ne accumulano un'enorme quantità all'interno di una camera sotterranea. La pressione esercitata dall'accumulo di magma può diventare così enorme che la camera esplode in una violentissima eruzione.

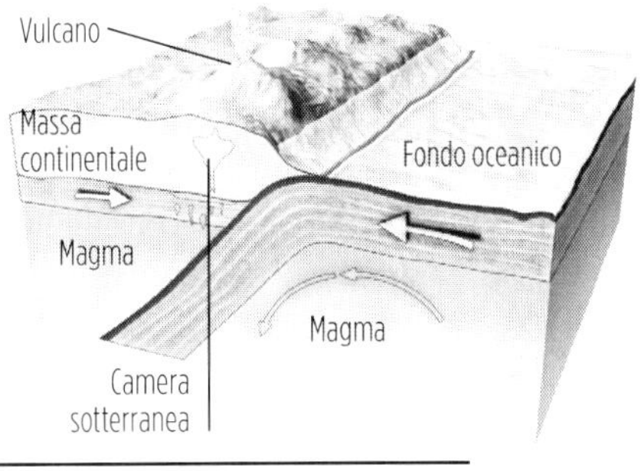

"Questa settimana, e le due che l'hanno preceduta, dal cielo è caduta una quantità di veleno impossibile da descrivere a parole: cenere, capelli di Pele [fili sottili di vetro minerale vulcanico], pioggia di zolfo e salnitro, e tutto questo mischiato alla sabbia. Il bestiame che pascola o cammina sull'erba ha muso, narici e zampe gialli e scorticati. Tutta l'acqua è tiepida e di colore azzurro e i ghiaioni sono grigi. Tutte le piante della terra sono bruciate, appassite e ingrigite una dopo l'altra, mentre il fuoco aumentava e lambiva le abitazioni."

Jón Steingrímsson, prete a Vestur-Skaftafellssysla, Islanda, 1783

Lakagígar, un area vulcanica in Islanda, eruttò continuamente per otto mesi a partire dal giugno 1783, producendo 14 km^3 di lava e nuvole di acido cloridrico e anidride solforosa. Le esalazioni velenose uccisero la metà del bestiame in Islanda e la carestia che seguì provocò la morte del 20-25% della popolazione locale.

In tutta Europa, persone e animali soffrirono per l'aerosol acido e il clima cambiò drasticamente: l'inverno del 1783-1784 fu il più freddo dei precedenti 250 anni. L'impatto dell'eruzione fu avvertito persino in Africa, India e Nord America. Quella di Lakagígar è stata la più potente eruzione degli ultimi 1000 anni ed è stata retroattivamente classificata come VEI 6.

L'isola vulcanica di Krakatoa in Indonesia esplose o collassò nel 1883, lanciando ceneri a un'altezza di 80 km. Seguì uno tsunami con onde alte fino a 46 m che fece tre volte il giro del globo. La cenere nell'atmosfera portò a un abbassamento della temperatura di 1,2 °C e produsse per molti anni tramonti spettacolari e cieli diurni leggermente più scuri. Anche questo evento è stato classificato come VEI 6.

Forse l'eruzione più violenta di cui abbiamo testimonianza si è verificata nel 1815. Classificata come VEI 7, l'eruzione del vulcano indonesiano Tambora nell'aprile di quell'anno fu all'origine di quello che venne chiamato "anno senza estate", caratterizzato da fenomeni climatici estremi e basse temperature ovunque. Il rumore dell'eruzione, simile a una cannonata, fu sentito a 2600 km di distanza e la pioggia di cenere cadde fino a 1300 km dal vulcano.

Per due giorni interi, anche a 600 km dal luogo della deflagrazione, regnò una totale oscurità. Gli studiosi di oggi ipotizzano che in seguito all'eruzione perirono tra le 70.000 e 100.000 persone, tra cui molte di fame e malattia. L'eruzione di un supervulcano, classificata come di livello 8, sarebbe dieci volte più potente di Tambora.

MORTO O ADDORMENTATO?

È difficile sapere se un vulcano sia estinto (cioè non erutterà mai più) o solo dormiente (al momento inattivo). C'è chi considera estinto un vulcano che non abbia mai eruttato in 10.000 anni, ma non è un criterio completamente infallibile in quanto alcuni vulcani si prendono delle pause ancora più lunghe. Il Fourpeaked Mountain in Alaska era considerato estinto poiché la sua ultima eruzione risaliva circa all'8000 a.C. ma ha eruttato di nuovo nel 2006.

SUPERVULCANI CONOSCIUTI

Il supervulcano più famoso si trova sotto il Parco di Yellowstone, negli Stati Uniti, e sempre negli Stati Uniti ce ne sono altri due. Alcuni supervulcani sono considerati estinti, per esempio quello che si trova sotto la città di Edimburgo, in Scozia. Non è compito facile tenere il conto di tutte le super-eruzioni che si sono verificate in un passato remoto; le uniche eruzioni classificate come VEI 8 di cui siamo a conoscenza si sono verificate negli Stati Uniti (in due luoghi diversi), Indonesia (Toba), Cile, Nuova Zelanda e Argentina. L'eruzione più grande, nell'area vulcanica di San Juan, in Colorado, ha prodotto 5000 km^3 di cenere e lava, ma questo quasi 28 milioni di anni fa.

Secondo gli esperti i supervulcani sono adesso una ventina.

MASSIMO IMPATTO

Benché immensa, la super-eruzione a San Juan, in Colorado, non è stata nulla in confronto alla potenza dell'impatto di Chicxulub, l'asteroide (o cometa) che si pensa abbia contribuito a spazzare via i dinosauri non-aviani: quella è stata 400 volte più potente.

IL PRINCIPALE SOSPETTATO

Fra tutti, Yellowstone è per gli esperti quello che più probabilmente avrà un'eruzione devastante. Il vulcano si trova sotto il Parco Nazionale di Yellowstone, negli Stati Uniti, tra Wyoming, Montana e Idaho. La sua caldera più recente ha un diametro di 80 km. È un'area bellissima, che comprende foreste protette e un panorama magico di pozze coloratissime di acqua ricca di minerali, geyser spettacolari e vasche di fango gorgogliante. Quello che si trova al di sotto è però terrificante.

Quando la natura vulcanica di Yellowstone fu confermata per la prima volta negli anni Settanta del XIX secolo, si pensò che fosse estinto. In realtà, si tratta di un vulcano che erutta a lunghissimi intervalli. L'estensione impressionante della caldera principale di Yellowstone fu per la prima volta mappata negli anni Sessanta e Settanta, e poi confermata dalla fotografia satellitare. L'Istituto Geologico degli Stati Uniti (USGS) ne monitora costantemente l'attività.

Fino a ora ci sono state soltanto tre grosse eruzioni nel Parco di Yellowstone. Yellowstone è situato sopra un punto caldo vulcanico, cioè un'area della Terra dove uno zampillo (pennacchio) di magma raggiunge la superficie. Poiché le placche rocciose che sostengono la crosta terrestre si muovono costantemente, il suolo che si trova sopra il punto caldo cambia. Si sono individuate una serie di eruzioni che dipendono

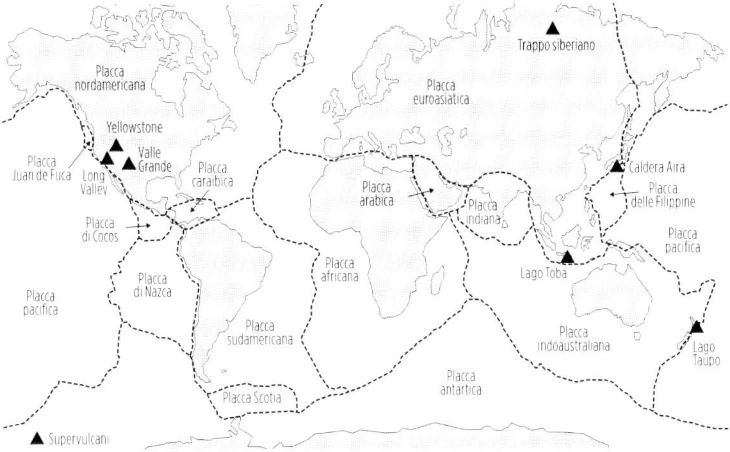

I supervulcani si trovano soprattutto lungo i margini delle placche tettoniche (vedi pagine 162-165).

dal punto caldo adesso sotto Yellowstone, però, a eccezione delle ultime tre, non si sono verificate all'interno del parco. Ci sono state almeno 12 super-eruzioni nel corso degli ultimi 18 milioni di anni, che hanno dato vita a una catena di caldere attraverso gli stati americani di Idaho, Oregon e Nevada. La Snake River Plain è il prodotto dei flussi di lava di queste eruzioni. La più antica eruzione da questo punto caldo di cui siamo a conoscenza si è verificata 70 milioni di anni fa nello Yukon, in Canada.

SIAMO IN PERICOLO?

Secondo le nostre conoscenze, gli intervalli intercorsi tra super-eruzioni variano da circa 4.000.000 a 300.000 anni. Il fatto che l'ultima super-eruzione sia avvenuta 640.000 anni fa dopo una tregua di 600.000 anni dà ai catastrofisti una buona scusa per farsi prendere dal panico.

È vero che il vulcano di Yellowstone non smette di brontolare. Sopra il punto caldo, il terreno si solleva in maniera costante di qualche centimetro l'anno, e di tanto in tanto si verificano dei leggeri sciami sismici. Poco tempo fa l'Istituto Geologico degli Stati Uniti ha annunciato che la camera magmatica che si trova sotto Yellowstone è 2,5 volte più grande di quanto si pensava. Una leggera attività vulcanica è evidente e costante, con geyser e ruscelli resi bollenti dal magma sotto la superficie. Eppure niente di questo è prova di un'eruzione imminente. Inoltre, l'intervallo tra una grande eruzione e la successiva è punteggiato da eruzioni minori. Di queste, la più recente è di 70.000 anni fa.

Attualmente, l'USGS dice che non ci sono indizi che facciano pensare a una imminente eruzione di Yellowstone. Secondo l'istituto, questi segnali sarebbero rilevabili settimane, mesi, persino anni prima della deflagrazione. Ma se anche sapessimo esattamente quando succederà, che cosa ci potremmo fare?

È VIVO!

La scoperta che Yellowstone è ancora attivo risale al 1973. Il geologo Bob Smith aveva lavorato su Peale Island, nel lago di Yellowstone, nel 1956. Quando tornò nel 1973, volendo usare lo stesso molo per la sua barca, lo trovò sommerso; gli alberi lungo la linea costiera erano parzialmente sommersi e morenti. Grazie agli indicatori che erano stati posti lungo le strade dal 1923 si rese conto che l'area, nella parte nord del lago, durante quel periodo si era sollevata di circa 75 cm. La parte meridionale, invece, non si era sollevata per niente, così il terreno stava ricoprendo il vulcano come una cupola. Come ha detto Smith, si trattava di una "caldera viva e in ottima salute".

E SE...

La super-eruzione più recente avvenuta a Yellowstone è stata 1000 volte più violenta di quella del Saint Helens del 1980, evento che gli americani considerano una grande eruzione. In un'eruzione di simile portata, una colonna di cenere si innalzerebbe 30 km nel cielo, facendo piovere detriti fino al Golfo del Messico. Il suolo sarebbe devastato da venti incandescenti, nebbia, cenere e rocce bollenti a temperatura di 800-1000 °C: tutto quello che si trovasse sul loro cammino brucerebbe all'istante.

Dato che la nube ardente viaggerebbe a una velocità di 700 km/h, sarebbe impossibile fuggire. Cenere e lava riempirebbero le valli circostanti per una profondità superiore ai 100 metri, i detriti sarebbero così caldi da fondersi e unirsi,

L'area di Yellowstone mostra una intensa attività nel sottosuolo, e anche se potenzialmente potrebbe essere il luogo dell'eruzione di un supervulcano, non ci sono segni che la catastrofe possa avvenire in tempi brevi.

riempiendo le valli di roccia solida. Secondo alcune stime, 100 milioni di persone morirebbero durante le settimane successive alla super-eruzione.

Gas e ceneri sospese nell'atmosfera si mischierebbero col vapore acqueo producendo una nebbia che bloccherebbe la luce del Sole per anni o decenni, facendo sprofondare la Terra in un inverno vulcanico che sarebbe fatale tanto per le piante quanto per gli animali. L'attività agricola sarebbe ovunque impossibile.

Se è vero che l'eruzione di Toba fu all'origine di un periodo di freddo durato un millennio, i prossimi dieci potrebbero essere secoli di devastazione.

STERMINIO

I Trappi del Deccan formano un vastissimo altipiano in India. Sono una lastra di roccia dallo spessore di 2000 m e dal volume complessivo di 512.000 km^3 fatta di lava solidificata eruttata 66 milioni di anni fa.

Le eruzioni potrebbero essere durate 30.000 anni, coprendo di lava un'area pari alla metà dell'India. La temperatura globale si abbassò di 2 °C e molti esperti ritengono che la combinazione delle eruzioni con l'impatto dell'asteroide di Chicxulub decretò la fine dei dinosauri, sterminando il 75% delle specie animali e vegetali presenti sulla Terra.

CAPITOLO 9

È POSSIBILE VIVERE PER MILLE ANNI?

LE PERSONE VIVONO PIÙ A LUNGO,
MA C'È UNA BELLA DIFFERENZA
TRA ALLUNGARE LA VITA
DI QUALCHE ANNO O DI NOVE SECOLI.

SESSANT'ANNI PIÙ DIECI

La durata "normale" della vita umana è di solito stimata in circa 70 anni. Ma spesso è molto più breve, specialmente quando le persone si trovano minacciate da guerre, carestie e malattie. Però, da sempre, le vite dei privilegiati che non mancano di nulla ci danno un'idea di quanto a lungo possiamo potenzialmente vivere. Tra gli antichi Greci, sappiamo che Socrate aveva 70 o 71 anni quando fu giustiziato, mentre Isocrate visse fino a 98 anni; nell'antico Egitto, più di 3000 anni fa, Ramses II visse fino a 90 anni.

Ovviamente, durata "normale" della vita è un'espressione vaga. Non si tratta della lunghezza massima raggiungibile, né di quella media, ma forse quella che ci aspetteremmo per una persona abbastanza fortunata da evitare i disastri peggiori e che avesse una qualità della vita relativamente buona. In passato la mortalità infantile era molto più elevata, e molti più di adesso morivano prima dei cinquant'anni, abbassando di molto la speranza media di vita. I rischi relativi al parto rendevano la vita delle donne particolarmente pericolosa tra la pubertà e i quarant'anni. Era un'età piena di insidie anche per gli uomini, che rischiavano malattie, incidenti o la morte in battaglia.

Adesso, soprattutto grazie alle vaccinazioni infantili, parti più sicuri, norme di sicurezza sui luoghi di lavoro e meno guerre, la maggior parte delle persone che vivono nei paesi sviluppati può sperare di raggiungere almeno i 70 o gli 80 anni. Un po' di queste arriveranno a 100, e alcuni a 110 o addirittura a 115. E se potessimo vivere molto più a lungo? Magari, diciamo, fino a 800, 900 o anche 1000 anni? Sarebbe davvero possibile? Quali sarebbero le conseguenze a livello sociale? Vorremmo davvero vivere così a lungo?

"I giorni dei nostri anni arrivano a settant'anni e per i più forti a ottanta, ma quel che costituisce il loro orgoglio non è che travaglio e vanità, perché passa in fretta e noi ce ne voliamo via."

Salmo 89

PERCHÉ MORIRE?

Mettendo da parte le figure mitologiche che, si dice, hanno avuto vite lunghissime, sono pochissime le persone che hanno vissuto molto più di 100 anni. Sembra che la longevità del corpo umano sia naturalmente limitata. Sono stati condotti numerosi studi per scoprire i fattori che influiscono o determinano l'invecchiamento. Alcuni di quelli che hanno mostrato risultati evidenti si erano concentrati sull'alimentazione; altri invece avevano indagato la struttura dei cromosomi.

MANGIA MENO E VIVI PIÙ A LUNGO?

Secondo degli studi su ratti e topi, diminuire l'assunzione di calorie pur evitando la malnutrizione può aumentare la durata della vita, a volte addirittura raddoppiandola. Nel 2014, uno studio trovò lo stesso effetto benefico di una dieta ristretta sui primati. Mettendo a confronto due gruppi di macachi *Rhesus*, il numero di quelli che hanno raggiunto i 35 anni di età nel gruppo cui è stata fatta seguire una dieta controllata è stato il doppio rispetto a quelli che seguivano una dieta normale (il gruppo di controllo). Furono escluse dai risultati le morti non relative all'età. Questi risultati sembrerebbero suggerire che potremmo vivere più a lungo se mangiassimo di meno, e non semplicemente evitando di essere in sovrappeso o obesi, ma meno di quanto mangeremmo normalmente per avere il giusto peso-forma.

Gli esperimenti sulle diete a regime calorico limitato si svolgono in condizioni controllate, e agli animali vengono normalmente somministrati degli integratori alimentari per assicurarsi che siano soltanto le calorie a essere limitate, e non altre sostanze nutrienti essenziali. La fornitura di cibo per i macachi fu ridotta gradualmente del 30% nel corso di un periodo di tre mesi, così che potessero adattarsi al cambiamento. Esperimenti del genere sono stati condotti anche sugli esseri umani, ma con risultati contrastanti.

QUANTO SONO IN FORMA LE TUE CELLULE?

Un altro modo per esaminare come le cellule si deteriorano a causa dell'invecchiamento (nel linguaggio della biologia si parla di senescenza) prende in considerazione il processo di divisione cellulare e i suoi limiti. I nostri corpi si rinnovano in continuazione producendo nuove cellule per sostituire quelle usurate o danneggiate. Per produrre nuove cellule, quelle esistenti si dividono in due in un processo chiamato mitosi. Durante la mitosi, la cellula duplica il suo contenuto, poi ogni insieme di componenti cellulari si separa e tra i due si forma una parete cellulare, dividendo le due parti in due cellule separate.

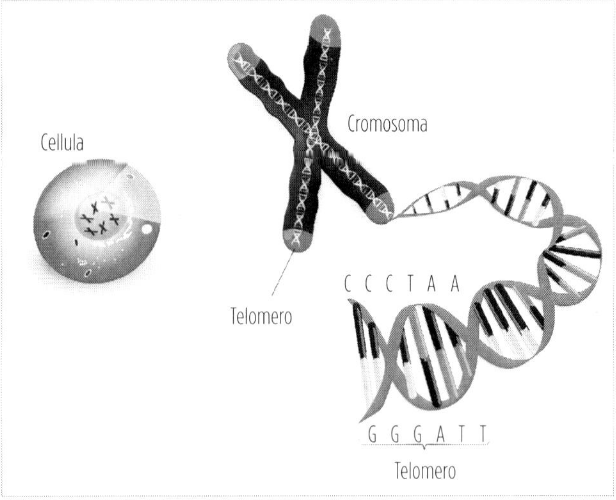

I cromosomi sono lunghi filamenti di DNA che codificano le istruzioni genetiche per fare l'organismo (vedi *Che differenza c'è tra una persona e una lattuga?* a pagina 207). Il DNA è una molecola molto lunga e molto complessa che somiglia a una scala a chiocciola. Per tutta la sua lunghezza, i "pioli" sono fatti di basi (vedi *È possibile riportare in vita i dinosauri?* a pagina 55). Quando si appresta a duplicarsi, il DNA si apre in due metà. Ogni metà si ricostruisce facilmente perché ogni base deve semplicemente accoppiarsi col suo "compagno" abituale. La cellula costruisce la seconda metà di ogni filamento e poi si trova con due serie di cromosomi identici.

Fin qui, tutto bene. Ma il meccanismo che permette alla cellula di svolgere questa operazione piuttosto complessa richiede di tagliare un pezzetto alla fine di ciascun cromosoma. Questo significa che la lunghezza di ogni cromosoma diminuisce ogni volta che si duplica. Il risultato potrebbe essere disastroso, ma alle estremità ciascun cromosoma ha una specie di "cappuccio" di materiale non-codificante chiamato telomero. La sua funzione è proteggere l'importante parte codificante del cromosoma affinché possa essere trasmessa intatta. Tuttavia, ogni volta che la cellula si divide e i cromosomi si duplicano, una parte del telomero è tagliata.

DOVE SI VIVE DI PIÙ

La prefettura di Shimane, in Giappone, ha più ultracentenari di qualsiasi altro posto al mondo: nel 2010 c'erano 743 centenari per milione di persone. Giappone, Stati Uniti e Francia si vantano di ospitare alcune delle persone più longeve al mondo. La persona più vecchia della quale si conosceva l'età con esattezza fu Jeanne Calment, che morì in Francia a 122 anni (1875-1997).

A un certo punto, dopo tanti sdoppiamenti, quello che rimane del telomero è troppo poco per proteggere il cromosoma. È a questo punto che la cellula diventa senescente e muore. Se la cellula avesse continuato a duplicarsi ne sarebbe risultato un DNA danneggiato, e perciò cellule malfunzionanti pericolose per l'intero l'organismo. Quando questo accade, e le cellule difettose continuano a duplicarsi, c'è il rischio che si formi un cancro.

Così, quando un organismo invecchia i suoi telomeri si accorciano. È logico: se perdono un pezzetto a ogni duplicazione cellulare, più un organismo è vecchio maggiore sarà stata la riduzione. È possibile misurare la velocità di invecchiamento guardando quanto i telomeri si sono accorciati, sempre che si conosca la lunghezza originaria ottimale del telomero di quel particolare organismo. Per un giovane essere umano è di circa 10.000 nucleotidi. Un nucleotide è un gruppo di coppie di basi; nei telomeri, i nucleotidi sono sempre disposti secondo la configurazione TTAAAGG (cioè timina, timina, adenina, adenina, adenina, guanina, guanina). Il tasso di accorciamento è variabile; le cellule del fegato umano, per esempio, perdono circa 55 coppie di basi ogni anno, che significa che se si potesse vivere fino a quando le cellule del fegato sono completamente prive di telomero potremmo arrivare a circa 180 anni. Altre cellule si accorciano in media di 25 coppie di basi ogni anno (in quel caso si potrebbe magari vivere fino a 400 anni).

PROTEGGETE QUEI TELOMERI!

La ricerca ha scoperto che l'avere telomeri più corti della media rispetto alle persone della tua stessa età è associato a una speranza di vita inferiore e al precoce sviluppo di malattie legate all'invecchiamento come coronaropatia, diabete, osteoporosi e infarto. Le persone coi telomeri più corti normalmente muoiono prima.

Per fortuna c'è un modo di proteggere i propri telomeri e rallentare la velocità con cui si accorciano: fare più esercizio fisico, mangiare sano e non fumare.

- Fumo: per ogni pacchetto di sigarette fumato al giorno, l'accorciamento dei telomeri aumenta di cinque coppie di basi all'anno. In media, chi fuma un pacchetto di sigarette al giorno per 40 anni ha una vita più corta di quasi 7 anni e mezzo.
- Obesità: nelle persone obese i telomeri sono molto più corti se confrontati con quelli delle persone snelle della stessa età. Il costo dell'obesità in termini di speranza di vita è stato calcolato in poco meno di 9 anni.
- Inquinamento: un'eccessiva esposizione a sostanze inquinanti influisce sull'accorciamento dei telomeri. Gli agenti della polizia stradale hanno, a parità di età, telomeri più corti rispetto a chi lavora in un ufficio.
- Stress: un livello di stress costante può comportare un accorciamento dei telomeri equivalente a 10 anni di vita perduta.
- Esercizio: l'attività fisica, se frequente, frena l'accorciamento dei telomeri.
- Dieta: la dieta più indicata per avere dei telomeri lunghi e in buona salute è (indovinate un po') ricca di fibre, povera di grassi polinsaturi, contiene acidi grassi Omega 3 e antiossidanti come la vitamina C, la vitamina E e beta-carotene. Un apporto proteico limitato è associato a un minore ritmo di crescita, minore appetito negli adulti e minore accorciamento dei telomeri. Sugli animali da laboratorio risulta un aumento della longevità del 66%. Se funzionasse sugli esseri umani, potrebbe

spingere la nostra speranza di vita fino a 150 anni. Le proteine sono però una parte importante della nostra dieta, e le necessità variano a seconda degli individui. Non limitare il consumo di proteine tuo o dei tuoi figli senza prima consultare un medico.

OPPURE NO...

Uno studio del 2014 non ha trovato nessun legame tra massa corporea, fumo, frequenza dell'attività fisica o consumo di alcolici e l'accorciamento dei telomeri. Il dibattito al riguardo è ancora aperto. Ma nessuno ha però mai detto che mangiar bene e fare esercizio sono dannosi per te e per i tuoi telomeri. Uno studio a Tel Aviv ha evidenziato che la caffeina velocizza l'accorciamento dei telomeri, mentre l'alcol lo riduce, così uno annulla l'altro. Ma lo studio era fatto sul lievito, quindi è possibile che i suoi risultati non siano rilevanti per noi.

L'enzima telomerasi induce la rigenerazione dei telomeri. Di solito la telomerasi si trova nelle cellule staminali (vedi *Le cellule staminali sono il futuro della medicina?* a pagina 137), comprese quelle che nel midollo osseo producono le cellule ematiche. Le cellule staminali sono le cellule di base dalle quali derivano tutte le altre cellule del corpo. La telomerasi non è attiva nelle cellule del corpo.

Se si applica la telomerasi a quelle cellule i cui telomeri si sono col tempo accorciati, questi ricrescono. Questa potrebbe essere la chiave per curare o ritardare le sviluppo di quelle malattie legate all'invecchiamento. I primi studi clinici saranno probabilmente effettuati su persone affette da malattie che causano un invecchiamento precoce, non su chi vorrebbe semplicemente vivere per 200 anni o ha maltrattato i propri telomeri nel corso di una vita sregolata.

Nel 2015 è stato condotto un esperimento all'Università di Stanford, in California, che consisteva nello stimolare delle cellule a produrre telomerasi. I ricercatori scoprirono di poter aggiungere 1000 nucleotidi ai telomeri accorciati, ovvero l'equivalente di molti anni di vita umana, forse addirittura un aumento del 10% della speranza di vita. Le cellule cutanee così trattate potevano dividersi circa 40 volte di più delle altre.

IL GURU DELLA LONGEVITÀ: AUBREY DE GREY

Aubrey de Grey è un biogerontologo convinto che sia scientificamente possibile allungare di molto la vita umana, e che la prima persona che vivrà 1000 anni sia probabilmente già nata. De Grey sostiene che il danno progressivo al DNA mitocondriale è un fattore decisivo nel processo d'invecchiamento. Ha stilato una lista di sette tipi di deterioramento fisico a livello cellulare o microscopico che secondo lui contribuiscono all'invecchiamento. Inoltre, ha fondato un'organizzazione non profit per trovare un modo di trattarli, e quindi di estendere di molto la durata della vita umana.

Pochi scienziati credono che la lista di de Grey rappresenti una vera definizione dell'invecchiamento, e al momento non si propone nessun tipo di trattamento che potrebbe allungare la vita. La maggior parte degli scienziati specializzati ritengono che ci sia ben poco a supporto della teoria di de Grey, però non è stato definitivamente dimostrato che sia errata.

Come è il caso di tutti gli sviluppi scientifici, è facile farsi trascinare dall'entusiasmo di fronte all'eccitante possibilità di svolte epocali e all'acquisizione di nuove conoscenze. Ma l'aumento della durata di vita ha un senso solo se gli anni guadagnati potranno essere vissuti attivamente e in buona salute. Lo sfruttamento della telomerasi dà corpo a questa prospettiva. Questo trattamento sarebbe certo molto costoso quindi, almeno inizialmente, alla sola portata di persone benestanti che vivono in paesi ricchi. L'impatto sociale sarebbe notevole, probabilmente in senso negativo.

E quale sarebbe l'impatto sulle vite delle persone anziane? Vorreste vivere davvero per centinaia di anni dopo che le persone che amate sono morte? Vi piacerebbe vedere il mondo nel quale siete cresciuti scomparire completamente?

TELOMERI E CANCRO

Le cellule tumorali hanno in genere telomeri corti, ma molte subiscono poi l'azione della telomerasi. Dato che questa estende i telomeri, le cellule tumorali beneficiano di una vita più lunga. Queste sono capaci di moltiplicarsi rapidamente senza ulteriori modifiche genetiche, rendendole più performanti delle cellule somatiche (del corpo). Questo è ovviamente un problema. Però, se la telomerasi ha un ruolo nella moltiplicazione incontrollata delle cellule tumorali, questo vuole dire che un trattamento volto a inibire l'azione della telomerasi (almeno nell'area interessata dal cancro) potrebbe rallentare la velocità di diffusione o la crescita del cancro.

VIVERE PIÙ A LUNGO O TORNARE DAL MONDO DEI MORTI

Poiché il prospetto di una vita molto più estesa o persino dell'immortalità non è alla nostra immediata portata, c'è chi paga considerevoli somme di denaro per far conservare il proprio corpo criogenicamente (cioè si fanno congelare da morti). Altri, senza le stesse disponibilità economiche, si sono accontentati di far conservare solo testa. La speranza è che nel futuro, quando la malattia che li ha uccisi potrà essere trattata con successo, queste saranno riportate in vita, curate, e potranno ricominciare a vivere. A oggi, più di 150 persone sono state criogenicamente conservate negli Stati Uniti (300 a livello mondiale) mentre le teste conservate sono 80. Ma, ancora, come ci si sentirebbe a essere resuscitati 100 anni dopo che tutte le persone che abbiamo conosciuto sono scomparse?

CRIOGENIA

Non esiste la preservazione criogenica fai-da-te: il freezer di casa non è sufficiente. Appena la persona muore, l'équipe criogenica tenta di far circolare il sangue durante il trasporto del corpo verso l'impianto di conservazione. Una volta arrivati, il corpo è portato a una temperatura vicina agli 0 °C. Il sangue è estratto dal corpo e sostituito da un crioprotettore per evitare che negli organi e nei tessuti si formino dei cristalli di ghiaccio che li danneggerebbero. Successivamente il corpo è raffreddato a -130 °C e messo in un contenitore, a sua volta sommerso in un serbatoio di azoto liquido. Lì è tenuto a una temperatura costante di -196 °C. Il processo di raffreddamento è molto graduale, mezzo grado al giorno per due o tre settimane.

Gli scettici hanno fatto notare che a seconda degli organi del corpo, servono condizioni e crioprotettori diversi, che non abbiamo al momento la tecnologia per scongelare le persone in tutta sicurezza e che chiunque sopravvivesse allo scongelamento potrebbe ritrovarsi con notevoli danni fisici e, potenzialmente, una completa perdita di memoria. Un corpo raffreddato a -196 °C sarebbe così fragile che potrebbe andare in frantumi come un pezzo di vetro se prendesse un colpo, e persino il processo di scongelamento potrebbe provocare uno shock termico sufficiente a danneggiarlo in maniera irreparabile. Se nonostante tutto siete ancora interessati, la preservazione del corpo intero costa intorno ai 200.000 dollari, per la testa soltanto ve la cavereste con 80.000.

CAPITOLO 10

PERCHÉ I SATELLITI NON PRECIPITANO A TERRA?

I SATELLITI SI TROVANO A PORTATA DI GRAVITÀ TERRESTRE, E PERÒ, DI SOLITO, NON PRECIPITANO. COME SI SPIEGA?

GALLEGGIARE

L'azione della gravità terrestre si estende ben oltre l'atmosfera: dopo tutto, la Luna è mantenuta in orbita e non va alla deriva nello spazio. La Stazione Spaziale Internazionale (ISS) è un satellite che orbita intorno alla Terra proprio come i satelliti meteorologici e di comunicazione. La condizione di assenza di peso che vivono gli astronauti che vi soggiornano ci dà un'indicazione del perché i satelliti restino in orbita.

CADERE SENZA ATTERRARE

I satelliti non precipitano sulla Terra per lo stesso motivo per cui gli astronauti sulla ISS sono in assenza di peso. Entrambi si trovano in caduta libera. La caduta libera è uno stato di caduta continua, senza però scontrarsi mai contro qualcosa perché il "sotto" si sposta continuamente prima di poterlo raggiungere. Immaginate di suddividere l'atto della caduta in minuscoli intermezzi di tempo. In ogni momento l'oggetto cade verso il centro di una massa gigantesca (in questo caso la Terra). Ma a ogni momento si muove anche intorno a questa massa, così quel "sotto" al quale è diretto cambia in continuazione.

Si ha lo stato di caduta libera quando qualcosa orbita intorno alla Terra all'esatta velocità che permette di contrastare la forza di attrazione della gravità: non è che l'oggetto sia immune alla gravità, ma ne evita sempre le conseguenze. La velocità alla quale deve viaggiare è determinata dalla forza di gravità che agisce sull'oggetto, così dipende dall'altezza alla quale sta orbitando intorno alla Terra. La massa è ininfluente: sia la Luna che un satellite di comunicazione grande come una palla da basket, orbitando alla stessa altezza dovrebbero viaggiare alla stessa velocità. Se un satellite fosse in un'orbita troppo bassa, così da trovarsi ancora all'interno dell'atmosfera, l'attrito con le molecole d'aria lo farebbe rallentare piuttosto velocemente, e la traiettoria dell'orbita declinerebbe vistosamente a ogni giro fino allo schianto del satellite contro la superficie terrestre. Per questo motivo i satelliti non orbitano mai all'interno dell'atmosfera.

PESO E MASSA

Peso e massa non sono la stessa cosa, anche se spesso, nel linguaggio di tutti i giorni, usiamo i due termini come sinonimi. Il peso è l'effetto dell'azione della gravità sulla massa. Ciò vuol dire che un oggetto di una massa fissa, 10 kg per esempio, sarebbe più pesante sulla Terra che in un altro luogo con gravità minore, per esempio la Luna.

Sulla Terra peso e massa corrispondono, perché il punto di riferimento è lo stesso: la gravità terrestre. Sulla Luna gli astronauti hanno la stessa massa che hanno sulla Terra, ma sono circa dieci volte più leggeri. Perciò sulla Luna un astronauta è capace di sollevare un oggetto più massiccio (cioè con una massa maggiore) che sulla Terra: gli oggetti pesano di meno.

SCEGLITI LA TUA ORBITA

Le orbite sono divise in diverse fasce: l'orbita terrestre bassa include tutto fino a un'altitudine di 2000 km, l'orbita terrestre media si trova tra i 2000 e i 35.786 km, l'orbita terrestre alta, invece, oltre i 35.786 km. La maggior parte dei satelliti si trovano in orbita terrestre bassa, a un'altitudine di circa 650 km.

L'altitudine di 35.786 km rappresenta un punto particolare, chiamato "orbita geosincrona". In questo punto preciso il satellite viaggia a una velocità che corrisponde esattamente a quella della rotazione terrestre. Il satellite in costante corrispondenza con un punto preciso sulla Terra rimanendo sempre sopra di esso è così detto "geostazionario". I satelliti impiegati per le comunicazioni sono normalmente geostazionari, così da poter trasmettere segnali tra punti fissi sulla Terra. Oltre l'orbita geosincrona si trova un'area conosciuta come l'orbita-cimitero, dove ci si sbarazza dei vecchi satelliti. Là, i satelliti in disuso possono continuare a orbitare all'infinito senza essere d'intralcio. Col tempo, quest'orbita è diventata piuttosto ingombra. L'immondizia spaziale (parti di satelliti, satelliti interi, rifiuti scaricati da navicelle spaziali) rappresenta un pericolo sempre più concreto per i mezzi spaziali lanciati dalla Terra, che devono attraversare questa discarica spaziale.

Satelliti come l'ISS, che non è in orbita geosincrona, si muovono sopra la superficie terrestre. L'ISS viaggia a una velocità di circa 27.600 km/h, a un'altitudine compresa fra 330 e 435 km, e questo permette all'equipaggio di assistere a un'alba ogni 90 minuti! I satelliti non-geostazionari sono usati per svolgere funzioni come sorveglianza e previsioni meteorologiche.

È PIÙ DIVERTENTE CON LA GRAVITÀ

Secondo la legge della gravitazione universale di Isaac Newton, pubblicata nel 1687, la forza di gravità è inversamente proporzionale al quadrato della distanza tra due oggetti. In parole povere, vuol dire che se raddoppi la distanza tra due oggetti, la forza di gravità che agisce tra essi sarà un quarto di quella che era prima di allontanarli. Quando si misura l'attrazione gravitazionale della Terra, il punto da cui parte la misurazione è il centro del pianeta, anche se ovviamente ne facciamo l'esperienza sulla sua superficie, a 6371 km dal centro.

CANCELLARE LA GRAVITÀ

Poiché l'attrazione gravitazionale diventa sempre più debole man mano che ci allontaniamo da un corpo come la Terra o la Luna, c'è un punto tra le due dove la gravità della Luna e quella della Terra si equivalgono esattamente e si annullano a vicenda. Un oggetto lasciato in questo punto, senza accelerazione, rimarrebbe sospeso tra i due corpi. Questo punto neutrale è uno dei punti cosiddetti di Lagrange, dall'astronomo Joseph-Louis Lagrange (1736-1813) che per primo li calcolò.

C'è un punto di Lagrange anche tra la Terra e il Sole. Abbiamo posizionato satelliti sui punti di Lagrange per studiare il Sole e produrre mappe dell'universo. Man mano che un satellite vi si avvicina, la forza di attrazione della Luna diventa maggiore di quella terrestre. Un oggetto rilasciato in questo punto, senza accelerazione, cadrebbe verso la Luna piuttosto che verso la Terra, e a un certo momento finirebbe nell'orbita della Luna (o ci si scontrerebbe).

La massa della Terra è circa 81 volte superiore a quella della Luna. Poiché la gravità segue la Legge dell'inverso del quadrato di Newton, il punto neutrale tra la Terra e la Luna è circa nove volte più distante dalla Terra che dalla Luna (perché $9^2=81$), a circa 340.000 km dalla Terra. Esso però non è un punto unico e stabile. L'equazione che ci permette di calcolare la sua posizione presuppone che ogni corpo sia una sfera perfettamente liscia, ma né la Terra né la Luna sono propriamente sferiche o lisce. Inoltre sono entrambi di densità variabile, per cui la gravità non è uguale su tutta la superficie. In più, l'orbita della Luna non è veramente circolare, quanto ellittica. Infine, l'esatta posizione del punto neutrale dipende da quale parte della Terra si trova più vicina alla Luna in un dato momento. Se, per esempio, la catena dell'Himalaya si trovasse tra la Terra e la Luna, questo influirebbe sull'esatta posizione del punto neutrale.

Poiché la Luna è in orbita intorno alla Terra, ed entrambe viaggiano nello spazio intorno al Sole, anche il punto neutrale orbita intorno alla Terra, lungo una linea che collega, a ogni dato momento, il centro della Terra e quello della Luna.

DA CHE PARTE È "SOTTO"?

"Sotto" è sempre verso il centro della Terra. Che tu faccia cadere un oggetto all'equatore, in Australia o a uno dei Poli, esso cadrà sempre al suolo perché è attratto dal centro della Terra.

Nello spazio gli oggetti sono attratti verso il centro di qualunque corpo che stia esercitando una forza gravitazionale. Questo significa che possono esserci numerose fonti che esercitano un'attrazione gravitazionale su un oggetto, che è così tirato in più direzioni. L'attrazione gravitazionale più forte non sarà necessariamente originata dal corpo più vicino, perché dipende dalla massa oltre che dalla distanza. Un veicolo spaziale che si trova fra la Terra e il Sole potrebbe essere più vicino alla Terra ma trovarsi comunque attratto in orbita intorno al Sole se questo sta esercitando una forza gravitazionale maggiore.

La cosiddetta "Patata di Potsdam" è un modello della Terra nel quale vengono esagerate le anomalie gravitazionali del nostro pianeta.

Benché la Terra sia sempre rappresentata nello spazio col nord in posizione superiore così da far apparire il sud come "sotto", questa non è altro che una convenzione: nello spazio, parole come "sopra", "sotto", "nord" e "sud", sono prive di significato.

LUOGHI PIÙ STABILI

C'è più di un punto neutrale tra due corpi se uno orbita intorno all'altro. Ci sono cinque punti di Lagrange, quello appena descritto (il più ovvio) è chiamato L1. Gli altri sono:

- L2, che si trova fuori dall'orbita del corpo più piccolo, alla stessa distanza di L1 ma al suo esatto opposto.
- L3, che è sul lato opposto del corpo più grande, sul percorso orbitale, direttamente opposto alla posizione corrente del corpo più piccolo.
- L4 e L5, che si trovano alle punte di triangoli equilateri aventi come base una linea tra i centri dei due corpi.

Di tutti questi, L4 e L5 rappresentano i punti più stabili. Gli oggetti invece che orbitano a L1, L2 e L3 tendono a uscire dall'orbita.

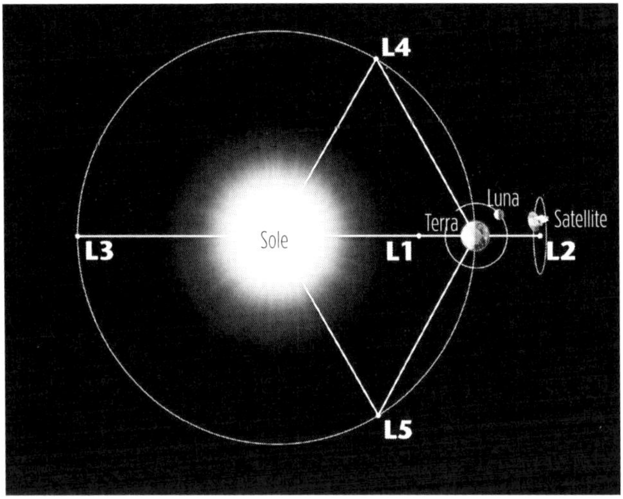

Punti di Lagrange per la Terra e il Sole.

ANDIAMO A VIVERE NELLO SPAZIO

Specialmente ai punti L4 e L5, un oggetto può seguire l'orbita del corpo più piccolo senza bisogno di usare la propria energia. Questa caratteristica li rende perfetti per posizionarvi delle stazioni spaziali. Un certo numero di osservatori e telescopi spaziali occupano i punti L1 e L2 del sistema Sole-Terra.

Molti pianeti hanno satelliti naturali nelle posizioni L4 e L5 relative al Sole. Poiché le orbite su L1-L3 tendono a una certa instabilità, i satelliti naturali in quelle posizioni sono rari. L'instabilità deriva dall'attrazione gravitazionale di altri pianeti che gravitano intorno al Sole.

Di solito, questi satelliti naturali sono asteroidi, anche se Teti, una delle lune di Saturno, ha a sua volta due lune più piccole, Calipso e Telesto, ai suoi punti L4 e L5. Giove ha due serie di asteroidi, una per ogni punto, conosciute come Asteroidi greci e Asteroidi troiani, o campi Greco e Troiano.

LA *L5 SOCIETY*

Fondata nel 1975, la *L5 Society* propose di costruire alcune colonie spaziali giganti ai punti L4 e L5 dell'orbita della Luna intorno alla Terra. Queste colonie, non c'è bisogno di dirlo, non si sono ancora concretizzate. La *L5 Society* si è unita nel 1986 al *National Space Institute*, oggi chiamato *National Space Society*.

ANDARE SU...

La maggior parte dell'energia (e quindi del carburante) impiegata per lanciare un satellite non serve per spedirlo verso l'alto, ma per farlo accelerare alla giusta velocità per la sua orbita.

Lo spazio non è davvero molto distante, appena a 100 km dalla superficie. Questo significa che alcuni posti, come Seattle, Pechino, Il Cairo, Canberra o Milano sono più vicini allo spazio di quanto non lo siano al mare. La vera difficoltà consiste nel portare un veicolo a una velocità di circa 8 km al secondo per mantenerlo nello spazio. Una volta che si trova in orbita non ha bisogno di bruciare carburante costantemente, ma solo per *station keeping*, cioè, di tanto in tanto, per correggere la rotta se comincia a deviare dalla posizione orbitale.

... E GIÙ

A volte l'orbita di un satellite decade. Di solito questo succede perché perde velocità e non riesce più a contrastare l'attrazione gravitazionale.

La maggioranza dei satelliti che cadono, bruciano o si distruggono quando entrano nell'atmosfera della Terra. L'attrito tra le molecole dell'aria e la materia del satellite sprigiona un'energia sufficiente a disintegrare il satellite. Solo di tanto in tanto cadono sulla Terra dei pezzi di grandi dimensioni. E così, per evitare che si schiantino sulla Terra e facciano danni, i satelliti vengono spesso abbandonati nell'orbita-cimitero.

E LA RELATIVITÀ?

Il modello di Newton della gravità come forza è stato sostituito dalla spiegazione che ne dà Einstein nella sua teoria della relatività generale.

Einstein spiega la gravità come una caratteristica dello spazio-tempo ricurvo. Questo è più comunemente raffigurato come una coperta tenuta tesa, con dei corpi massicci (delle palle poggiate su una coperta, o pianeti e stelle nello spazio-tempo) che causano un avvallamento o una curvatura.

Altri oggetti cadono naturalmente verso i corpi più pesanti, attirati nell'avvallamento. Non è un'analogia perfetta in quanto mostra lo spazio-tempo quadridimensionale come una coperta bidimensionale in uno spazio tridimensionale, ma è meglio di niente.

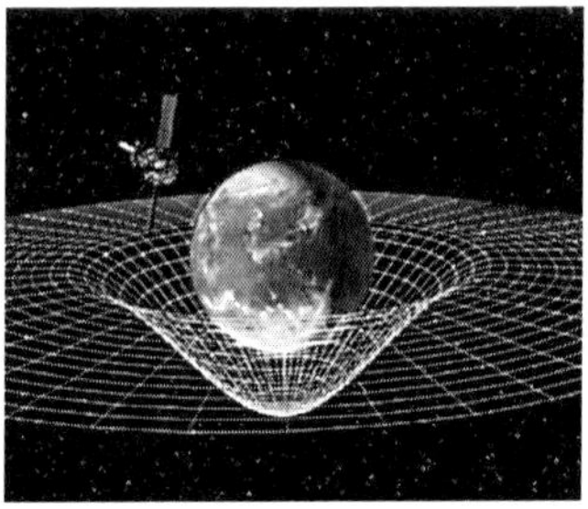

Una rappresentazione che mostra la curvatura in tre dimensioni come quella proposta qui a fianco può essere più difficile da capire ma riproduce meglio la realtà.

Per fortuna il comportamento dei satelliti segue le leggi di Newton e la discrepanza tra l'opinione di Newton e di Einstein non è così rilevante su questa scala. Le leggi di Newton, però, diventano inadeguate se applicate a sistemi molto grandi o molto piccoli.

CAPITOLO 11

CHE COSA SUCCEDEREBBE SE CADESSI IN UN BUCO NERO?

È IMPROBABILE CHE TI CAPITI ANDANDO AL LAVORO, MA CHE COSA POTREBBE ACCADERE?

NÉ NERO, NÉ BUCO

"Buco nero" è una denominazione un po' fuorviante. Di solito buco suggerisce l'assenza di qualcosa, però dentro a un buco nero ci sono un sacco di cose. La definizione ufficiale di buco nero è una regione di spazio-tempo che presenta effetti gravitazionali estremamente forti. Poiché è la materia che esercita l'attrazione di gravità su altra materia, la forza della gravità esercitata da un corpo è proporzionale alla sua massa. Da ciò se ne deduce, giustamente, che poiché un buco nero produce una gravità fortissima, esso deve avere una massa enorme (è estremamente massiccio, nel senso tecnico della parola).

Il volume occupato da un buco nero è molto piccolo rispetto alla sua massa, perciò è molto denso. I buchi neri si formano quando la materia collassa su se stessa, creando qualcosa di così denso che la sua attrazione gravitazionale è talmente forte da impedire persino alla luce di sfuggirvi. Così i buchi neri posso sembrare delle aree di spazio completamente buie, dei "buchi", appunto, nella volta stellata.

COME "VEDIAMO" I BUCHI NERI

I buchi neri non emettono né riflettono luce: sono invisibili. Questo li rende difficili da individuare. Gli astronomi possono però rilevare la loro presenza grazie all'impatto che hanno su altri oggetti. Un buco nero vicino a una stella può a volte influenzarne l'orbita. La luce proveniente da una stella o da una galassia che si trova dietro un buco nero può curvarsi sotto l'effetto della gravità di quest'ultimo, un effetto conosciuto come "lente gravitazionale". Questo significa che gli astronomi riescono a vedere la stella o la galassia, anche se questa sarebbe dovuta risultare nascosta. E se un buco nero ha un'attrazione gravitazionale abbastanza forte da attirare gas da una stella vicina o da altra materia, questo si scalda mentre viene risucchiato all'interno del buco nero. A quel punto emette un'esplosione luminosa di radiazioni che i telescopi spaziali possono rilevare. Però non tutti i buchi neri mostrano adesso questi segni rivelatori, così ce ne sono sicuramente molti di cui ignoriamo l'esistenza.

UNA GRAVITÀ POTENTISSIMA

È l'attrazione gravitazionale estrema che conferisce ai buchi neri le loro caratteristiche. Intorno a ogni buco nero c'è un confine chiamato orizzonte degli eventi. Quando qualcosa varca questa linea, l'attrazione gravitazionale del buco nero diventa impossibile da contrastare e l'oggetto (o la luce) è attirato verso di esso, finendo inevitabilmente per far parte del buco nero.

Tuttavia, non tutto ciò che è attirato verso l'orizzonte degli eventi di un buco nero finisce per farne parte. La materia che orbita intorno a un buco nero, fuori dall'orizzonte degli eventi, forma un disco di accrescimento. Un po' di questa materia, quando perde momento angolare, cadrà verso il buco nero. La materia che volteggia all'interno del disco di accrescimento si scontra con altre particelle ad altissima velocità, e una parte di quella materia e radiazione è rispedita verso lo spazio. Questa, chiamata fuoriuscita, può essere un altro indizio osservabile che indica l'esistenza di un buco nero.

CADERCI DENTRO?

La gravità di un buco nero non è infinita. La gravità è una funzione della massa, e l'attrazione gravitazionale esercitata da un corpo su un altro dipende dalla massa di entrambi e dalla distanza che li separa (vedi *Perché i satelliti non precipitano a terra?* a pagina 87).

COME CREARE UN BUCO NERO

Si pensa che esistano tre tipi di buco nero, a seconda delle loro dimensioni.

- I più piccoli sono i *buchi neri primordiali,* che si sono formati poco dopo il Big Bang che ha generato l'universo. Questi possono essere piccoli come un singolo atomo, con una massa di vari milioni di kilogrammi.
- I *buchi neri stellari* sono di dimensioni medie, e si formano quando delle grandi stelle muoiono. Normalmente, la stella esplode in una spettacolare supernova, sprigionando luce e materia. Il resto della stella collassa su se stessa, lasciando al suo posto un buco nero. Il buco nero ha quasi la stessa massa della stella, ma occupa uno spazio minuscolo. Un buco nero con una massa 20 volte superiore a quella del Sole potrebbe avere un diametro di soli 15 km.
- I più grossi sono i *buchi neri supermassicci.* Questi, come i buchi neri primordiali, sono molto vecchi, probabilmente quanto le galassie che li ospitano. Si pensa che la maggior parte delle galassie, se non tutte, hanno al loro centro un buco nero supermassiccio. Il buco nero al centro della nostra Via Lattea è Sagittarius A*; ha circa le dimensioni del Sole, ma la sua massa è quattro milioni di volte superiore.

Proprio come la Terra non precipita verso il Sole, così un corpo che si trovi a viaggiare nelle vicinanze o nell'orbita di un buco nero non finirà necessariamente dentro il buco nero. Tuttavia, proprio come un corpo che si venga a trovare troppo vicino alla superficie del Sole (o della Terra) sarà attratto dalla sua forza di gravità, se dovessimo spedire un'astronave troppo vicino a un buco nero finirebbe per esserne attratta. Dopo aver raggiunto il disco di accrescimento che ruota intorno all'orizzonte degli eventi, potrebbe perdere abbastanza momento angolare da passare dall'altra parte ed essere attirata verso il centro del buco nero. Intanto, succede qualcosa di strano.

Se osserviamo un oggetto cadere sulla Terra per effetto della forza gravitazionale, esso mantiene la sua forma. L'impatto della gravità su tutte le diverse parti dell'oggetto è sostanzialmente lo stesso.

Nel caso del buco nero, invece, la gravità è talmente immensa che persino una piccola distanza, come può essere la lunghezza di un'astronave o l'altezza di un astronauta, determina una differenza nell'effetto della gravità. La parte dell'astronave (o dell'astronauta) più vicina al buco nero, quella che ci arriva per prima, subirebbe un'attrazione gravitazionale maggiore rispetto alla parte più lontana. Questo significa che una parte accelererebbe verso il buco nero a una velocità maggiore rispetto all'altra, e da questo consegue un allungamento, una "spaghettificazione": l'oggetto si allunga fino a diventare una striscia sottile molto lunga. Questo dura solo un momento, poi l'oggetto sparisce nel vuoto e diventa un tutt'uno con la densissima materia del buco nero.

Se rimanete sulla Terra, ed evitate di andarvene a vagare per lo spazio nelle vicinanze di un buco nero, non rischiate di esserne risucchiati. I buchi neri si trovano in punti (o su orbite) fissi. Quando una grande stella diventa una supernova, lasciando dietro di sé un buco nero (vedi riquadro *Come creare un buco nero* nella pagina a fianco), il buco nero occuperà il centro dello spazio dove prima si trovava la stella. Esso ha lo stesso campo d'impatto gravitazionale che aveva la stella, così non risucchierà le stelle o i pianeti vicini: tutto quello che poteva essere attirato era già stato attirato dalla gravità della stella.

Gli astronomi credono che i soli buchi neri che si formeranno ora saranno conseguenza del collasso di stelle.

È troppo tardi perché si formino dei buchi neri primordiali, e i buchi neri supermassicci si formano solo con galassie nuove. Il nostro Sole è troppo piccolo per diventare un buco nero. Servirebbe una stella dalle dimensioni doppie del Sole perché possa, morendo, diventare una supernova e poi un buco nero.

POSSIAMO CREARE UN BUCO NERO?

Gli scienziati del CERN, il *Consiglio europeo per la ricerca nucleare*, al confine tra la Francia e la Svizzera, hanno costruito un enorme acceleratore di particelle chiamato *Large Hadron Collider* per studiare le particelle sub-atomiche. Nella stampa non specializzata si è molto parlato della possibilità che le ricerche svolte dal CERN possano creare un microscopico buco nero che finirebbe per inghiottire la Terra o persino l'intero universo. Ci sono tre buone ragioni per cui questo scenario è impossibile:

- Se la collisione di particelle fosse sufficiente per formare dei buchi neri microscopici, se ne creerebbero naturalmente a milioni, e nessuno di questi ha mai rappresentato un pericolo per il pianeta.
- Se potessimo creare un buco nero microscopico, questo sarebbe così instabile che decadrebbe in un lasso di tempo talmente minuscolo da essere insignificante dal punto di vista delle leggi della fisica, e non avrebbe la possibilità di fare danni.
- Se tutte le leggi della fisica fossero sbagliate e potessimo quindi sia creare il buco nero che mantenerlo per un periodo di tempo protratto, questo crescerebbe così lentamente, "mangiando" una particella sub-atomica per volta, che ci metterebbe trilioni di anni per raggiungere una massa di un kg. Cioè un tempo più lungo dell'attuale età dell'universo.

CAPITOLO 12

PERCHÉ NON SI PUÒ S-CUCINARE UN UOVO?

CUCINARE TENDE A ESSERE UNA STRADA A SENSO UNICO. UNA VOLTA CHE HAI COTTO UNA TORTA O UN UOVO NON SI PUÒ TORNARE INDIETRO.

CAMBIAMENTI CHIMICI E FISICI

Se sciogliessi del gelato o del ghiaccio non tutto sarebbe perduto: si può sempre congelarlo di nuovo perché ritorni più o meno quello che era. Però altri cambiamenti operati dal calore sono spesso permanenti: cucinare è un processo che non può di norma essere invertito. La differenza è in quello che accade a livello molecolare.

La fusione del ghiaccio, o del gelato, rappresenta un cambiamento fisico; le molecole d'acqua rimangono inalterate quando riscaldi il ghiaccio fino al punto di ebollizione. Il cambiamento da un solido a un liquido, o da un liquido a un gas (e ritorno) è chiamato passaggio di stato. Scaldare una sostanza significa fornire energia alle molecole così da farle muovere di più. Quando il ghiaccio viene riscaldato, le molecole si muovono più energicamente e a un certo punto si liberano della struttura cristallina che le tiene nella solida struttura del ghiaccio. Man mano che il calore aumenta le molecole si muovono sempre di più fino a quando l'acqua bolle. A quel punto le molecole lasciano la superficie dell'acqua, si sollevano in aria e l'acqua evapora.

È possibile scaldare e raffreddare ghiaccio e acqua più volte senza che questo modifichi le singole molecole: esse semplicemente si muovono di più o di meno a seconda della temperatura e della fase (solida, liquida o gassosa).

Cuocere un uovo è una cosa diversa. Quando riscaldiamo un uovo, la proteina in esso contenuta si denatura, ovvero subisce dei cambiamenti a livello chimico che ne alterano la forma delle molecole.

Le molecole proteiche sono lunghi filamenti che devono essere piegate nella forma giusta affinché possano svolgere al meglio il loro compito. Esse sono tenute al loro posto da varie forze come i legami a idrogeno, cioè legami deboli tra l'idrogeno e alcuni altri atomi all'interno delle molecole.

Quando la proteina viene riscaldata, le molecole vibrano o tremano, rompendo questi legami. Poi i filamenti della molecola proteica si disfano, e la proteina perde la sua forma iniziale. Quando cambia di forma, subiscono un cambiamento anche le proprietà fisiche della proteina.

Quando riscaldiamo delle uova, la rottura dei legami di idrogeno fa sì che il bianco dell'uovo diventi opaco e solido. Una volta rotti, i legami a idrogeno non possono più essere ricostituiti.

ESTRARRE LO ZUCCHERO DAL TÈ?

Ci sono alcuni cambiamenti che potrebbero sembrare irreversibili, e invece non lo sono. Quando fate sciogliere dello zucchero in acqua sembra di ottenere una nuova sostanza (acqua dolce), ma in realtà avete solo sparpagliato qualche molecola di zucchero tra le molecole d'acqua. Non è stato rotto né creato alcun legame: acqua e zucchero sono semplicemente mischiati in modo omogeneo. Lo zucchero, proprio come il ghiaccio, ha una struttura cristallina. Sia le molecole di acqua che quelle di zucchero sono polari, ovvero hanno una carica elettrica disuguale. Ne consegue che parti delle molecole di zucchero sono attratte da parti delle molecole d'acqua e così lo zucchero si dissolve perdendo la sua struttura cristallina. Se invece mettete dello zucchero nell'olio di oliva, che non ha molecole polari, questo non si dissolverà. Acqua e zucchero possono essere di nuovo separati facilmente perché le molecole non si sono riconfigurate o hanno formato nuovi composti. Se fate bollire tutta l'acqua o la fate evaporare naturalmente troverete sul fondo del contenitore lo zucchero ricristallizzato, allo stato solido.

Allo stesso modo è possibile separare il tè dall'acqua: puoi far bollire tutta l'acqua (e farla condensare se vuoi tenerla), e del tè resterà una brutta macchia marrone (come vi sarà capitato di osservare quando lasciate in giro per troppo tempo una tazza di tè). La macchia è il contenuto della bustina o delle foglie di tè, ma è molto difficile riutilizzarlo. Non è esattamente come prima: alcuni oli del tè saranno andati perduti oppure si saranno modificati, ed è per questo motivo che il tè istantaneo liofilizzato non ha lo stesso gusto del tè fatto sul momento.

RIPORTARE INDIETRO LE LANCETTE

In generale, si può dire che i cambiamenti chimici sono irreversibili mentre quelli fisici non lo sono. Però questa regola non si applica perfettamente alla vita di tutti i giorni: un bicchiere quando si rompe subisce un cambiamento fisico, ma non è possibile rimetterlo insieme perché sia esattamente come prima. Da un punto di vista scientifico, il processo è reversibile perché si può fondere di nuovo il vetro e replicare l'oggetto, ma in realtà si tratterebbe di un nuovo bicchiere fatto col vecchio vetro.

Alcuni cambiamenti chimici possono essere invertiti. La tua stessa vita dipende infatti dalla reversibilità di alcuni cambiamenti chimici. L'ossigeno presente nell'aria che inspiri si combina con una proteina presente nel sangue chiamata emoglobina, e forma un nuovo composto, l'ossiemoglobina. Il sangue porta l'ossiemoglobina in giro per il corpo fino ai tessuti che hanno bisogno di ossigeno. A quel punto, l'ossiemoglobina si suddivide di nuovo in ossigeno ed emoglobina, che non hanno perduto le loro caratteristiche iniziali. Poi l'emoglobina è di nuovo trasportata verso i polmoni dove la aspetta un nuovo carico di ossigeno.

CAPITOLO 13

SI PUÒ PARLARE CON GLI ANIMALI?

ALCUNI ANIMALI RIESCONO A IMITARE
IL LINGUAGGIO UMANO, E CERTI POSSONO
CAPIRE ALCUNE PAROLE CHIAVE.
QUAL È LA VERA NATURA
DELLA COMUNICAZIONE TRA ESSERE
UMANO E ANIMALE?

PARLARE E NON PARLARE

Alcuni animali emettono dei suoni in maniera spontanea; altri imparano sequenze di suoni attraverso la ripetizione. Gli animali che emettono dei suoni già dalla nascita lo fanno per predisposizione genetica: cinguettano, ringhiano o soffiano, come reazione a stimoli emotivi (per esempio la paura), proprio come un anatroccolo nuota quando si trova in acqua senza che sia necessario insegnarglielo.

Gli esseri umani fanno parte di quegli animali capaci di imparare nuovi suoni e integrarli nel loro vocabolario innato. Tutti i neonati piangono per comunicare le loro necessità, ma pian piano imparano a usare nuovi suoni, e cominciano a pronunciare delle parole. Anche considerando i primati, questo uso del linguaggio è specifico degli esseri umani. Negli scimpanzé la comunicazione si affida a suoni che conoscono in maniera innata. Le combinazioni di questi grugniti, strilli acuti e urla non si sviluppa con l'età. A parte la voce, che in uno scimpanzé adulto è più grave che in un esemplare giovane, i vocalizzi restano gli stessi. Per quello che sappiamo, la loro comunicazione verbale è piuttosto limitata.

La capacità di imparare una lingua o di ampliare la gamma dei suoni è piuttosto rara. Fra quelli che ne sono capaci ci sono animali appartenenti a specie molto diverse, segno che questa caratteristica si è evoluta separatamente. L'apprendimento vocale è una caratteristica di tre gruppi di uccelli (pappagalli, colibrì e altri uccelli canterini) e cinque gruppi di mammiferi (elefanti, foche, pipistrelli, cetacei ed esseri umani).

PERCHÉ PARLIAMO

Il modo in cui parliamo è il risultato di diversi fattori: corde vocali adeguate, la capacità di controllare il nostro respiro e il tipo di cervello che abbiamo. I nostri cervelli possono imparare e replicare nuovi suoni, e usare un linguaggio dotato di una grammatica coerente. Gli animali che sono bravi a imitare il linguaggio dell'essere umano (in particolare i pappagalli) hanno la stessa capacità mentale di imparare nuovi suoni.

ORA O MAI PIÙ

Pare che per gli esseri umani il momento propizio per imparare una prima lingua duri tutta l'infanzia fino all'inizio dell'adolescenza. I bambini cresciuti nella natura e quelli cresciuti in isolamento sono generalmente incapaci di imparare appieno una lingua se non sono stati esposti al linguaggio prima dei tredici anni. Il motivo potrebbe essere che le aree del cervello che sono di solito usate per controllare l'espressione parlata non si sono sviluppate, oppure sono state usate per altre funzioni. I bambini che sono stati riportati in un contesto sociale in giovane età possono di solito imparare a parlare quanto un bambino nato e cresciuto in un regolare ambiente sociale.

PROGRAMMATI PER CANTARE

È da tanto ormai che sappiamo che i fringuelli zebra imparano a cantare imitando i fringuelli adulti maschi. Se i piccoli crescono in isolamento e in modo da non poter ascoltare i maschi che fanno da modello per il loro canto, questi non impareranno il linguaggio dei fringuelli zebrati, cioè non canteranno le normali melodie usate dalla loro specie. Al loro posto emetteranno un suono irregolare e stridente.

Se questi uccelli cresciuti in isolamento raggiungono l'età matura e si riproducono, insegneranno la stessa melodia ai loro piccoli. Dopo alcune generazioni questa popolazione isolata comincerà a emettere melodie simili a quelle normali. Alla quinta generazione il loro canto sarà molto simile a quello dei fringuelli zebra selvaggi. Questo esperimento sembra indicare che la comunicazione dei fringuelli zebra sia il prodotto di una combinazione tra apprendimento e programma genetico. Sarebbe immorale sottoporre dei bambini umani a questo esperimento (vedi *L'esperimento proibito* a pagina 112). Tuttavia ci sono esempi ben documentati di gemelli che hanno sviluppato un loro linguaggio privato (un fenomeno chiamato "criptofasia"). È piuttosto raro, ma quando dei gemelli sviluppano una lingua privata, questa ha sempre la stessa struttura grammaticale. Essa è semplice, e non permette espressioni complesse o ricche di sfumature. Di solito riguarda solo situazioni immediate, non opera alcuna distinzione tra oggetto e soggetto, e non ha parole per riferirsi a luoghi o tempi diversi, ma solo a ciò che è "qui" e "adesso". È impossibile sapere se questa lingua diventerebbe col tempo più sofisticata, perché presto i gemelli l'abbandonano in favore di quella usata per comunicare con le altre persone. Anche i bambini sordi ai quali non viene insegnato il linguaggio dei segni finiscono per inventarne uno privato, che segue le stesse regole grammaticali dei linguaggi dei gemelli.

IL SENSO NELLE FRASI

Le scimmie Titi (*Callicebus brunneus*) sono piccoli primati che abitano le foreste tropicali del Sud America. Se sono preoccupate o si sentono minacciate dall'avvicinarsi di un predatore lanciano dei richiami d'allarme, avvertendo del pericolo gli altri membri della loro famiglia. Nel 2013 dei ricercatori hanno decifrato i loro richiami e hanno scoperto che hanno una struttura coerente e trasmettono messaggi diversi. Combinando due tipi di richiamo, le scimmie Titi sono capaci di indicare se la minaccia è rappresentata da un rapace, un'aquila per esempio, o da un predatore da terra come una scimmia cappuccina o un felino, e se si trova sul terreno o tra il fogliame.

PARLA CON ME

Un conto è individuare, nei suoni che emettono gli animali, le caratteristiche che nascondono un significato, un altro è mostrare che altri animali capiscono e rispondono al suono. Tanti tipi di scimmie, ma anche altri animali, lanciano un richiamo quando trovano cibo. Per verificare quante informazioni da decifrare contengono questi richiami è necessario qualche esperimento.

Un gruppo di ricercatori ha lavorato sui bonobo (grandi scimmie simili agli scimpanzé) dello zoo di Twycross, in Inghilterra, per scoprire quante informazioni ci sono nei loro richiami per il cibo. Sono cinque i tipi di suono che i bonobo emettono quando trovano cibo, a seconda di quanto lo gradiscono. I ricercatori hanno messo del cibo particolarmente apprezzato (kiwi) o accettabile (mela) nella recinzione dei bonobo, e registrato i versi che facevano quando lo trovavano. In seguito hanno allontanato questo gruppo e rilasciato un secondo gruppo di bonobo nella stessa area, facendo ascoltare loro i suoni registrati per osservare, a seconda del tipo di richiamo, dove e con quanto entusiasmo andavano alla ricerca del cibo. Entrambi i gruppi di bonobo erano abituati a trovare i kiwi in un posto e le mele in un altro. I bonobo generalmente preferivano visitare per primo il sito dei kiwi, ma questa preferenza di base era di molto accentuata se si faceva ascoltare loro i versi dei bonobo che là avevano trovato i kiwi. Quando i ricercatori gli fecero sentire i versi fatti dai bonobo quando avevano trovato le mele nel sito delle mele, il secondo gruppo dimostrò un entusiasmo molto maggiore del solito nel visitare il sito delle mele, e ignorò completamente il sito dei kiwi. Questi risultati hanno mostrato che almeno alcuni del secondo gruppo dei bonobo erano capaci di capire le informazioni contenute nei richiami del primo gruppo.

L'ESPERIMENTO PROIBITO

Il modo in cui acquisiamo la capacità di linguaggio ha da sempre stimolato il nostro interesse, e in passato ci si facevano meno scrupoli sul metodo per indagarlo. Il così detto "esperimento proibito" consiste nel far crescere un bambino senza esporlo ad alcuna lingua o senza alcun contatto umano. Questo genere di esperimento è stato effettuato probabilmente più spesso di quanto sia stato documentato, senza tuttavia il rigore scientifico richiesto dagli standard moderni. Nel VII secolo a.C. il faraone egizio Psammetico I, ordinò che due bambini appena nati fossero cresciuti da un capraio e allattati dalle pecore; all'allevatore e alla sua famiglia fu imposto di non comunicare con loro in nessun linguaggio. Nel XIII secolo l'imperatore Federico II fece allevare dei bambini da balie e servitori ai quali era vietato di rivolgere loro parola. Con questo esperimento i due monarchi speravano di scoprire il primo, naturale, linguaggio degli esseri umani (Federico pensava che fosse l'ebraico, ma le sue attese rimasero deluse).

COME SI CHIAMA QUEL DELFINO?

I delfini emettono suoni che includono dei click e dei fischi. Un gruppo di ricerca dell'Università di St.Andrews, in Scozia, ha monitorato 200 delfini nel Mare del Nord e ascoltato le loro "conversazioni", scoprendo che ogni individuo ha un proprio suono caratteristico, che include informazioni sul suo genere, ubicazione e stato di salute. Un delfino che vuole ricongiungersi con un partner imita il suono caratteristico del compagno, e una madre che ha perso un figlio ripeterà il suo suono finché non lo ritrova. Questo suono è a tutti gli effetti un nome. Proprio come gli esseri umani, quando si uniscono a un gruppo i delfini si "presentano". Quando i ricercatori hanno fatto ascoltare le registrazioni dei suoni-nome, tutti i delfini che hanno sentito il proprio nome hanno risposto ripetendone il suono. Così, se avessimo tanti delfini sarebbe possibile fare l'appello. Gli studiosi hanno scoperto anche che i delfini si avvicinavano alla fonte del suono quando sentivano il nome di un loro conoscente. Circa la metà della comunicazione dei delfini è composta di suoni-firma; c'è ancora tanto lavoro da fare per decifrare quello che significa l'altra metà.

DIRE E CANTARE

Il canto degli uccelli suona molto diverso dalla comunicazione umana, ma gli studiosi hanno scoperto che gli uccelli e gli esseri umani usano lo stesso meccanismo cerebrale controllato da 55 degli stessi geni. Lo studio consisteva nel sequenziare i genomi di 48 tipi di uccelli canterini, analizzarne i cervelli, e capire come gli uccelli imparano il loro canto. Come gli umani da piccoli, gli uccelli dapprima gorgogliano e balbettano. Inoltre, come gli esseri umani, gli uccelli canterini possono essere "bilingui". Gli scienziati sperano che studiando gli uccelli canterini potranno capire meglio come gli esseri umani sviluppano il linguaggio e forse scoprire un modo per curarne i disturbi. Anche pappagalli e colibrì sono capaci di imparare a emettere dei nuovi suoni. A volte questo talento gli permette di imitare il linguaggio degli esseri umani. Ci sono tanti pappagalli e merli indiani che sembrano capaci di parlare il nostro linguaggio, ma quanto capiscono davvero – se capiscono qualcosa – di quello che "dicono"?

CHI HA PARLATO PER PRIMO?

Gli uccelli esistono da molto più tempo degli esseri umani, 150 milioni di anni, e le loro specie si sono enormemente diversificate circa 55 milioni di anni fa, mentre i primi ominidi sono apparsi solo 2 milioni di anni fa. Non sappiamo neanche se i primi esseri umani usassero un linguaggio parlato.

NON SOLO LINGUAGGIO

Gli uccelli non applicano le loro capacità di imitazione esclusivamente al linguaggio umano. I pappagalli possono imparare a fischiare, e persino a copiare l'abbaiare di un cane. Alcuni uccelli canterini, come gli storni, sanno anche copiare i suoni prodotti da oggetti inanimati come i telefoni, gli allarmi delle auto e le motoseghe.

Il fatto che nello sviluppo della capacità di linguaggio siano coinvolti gli stessi geni non vuole dire che esseri umani e uccelli canterini discendano da un comune antenato evolutivo. L'ultimo antenato comune agli esseri umani e agli uccelli viveva circa 310 milioni di anni fa. Si tratta molto probabilmente di un esempio di evoluzione convergente, cioè il manifestarsi indipendente della stessa soluzione in organismi non correlati.

PAROLE E SEGNI

Il linguaggio non deve necessariamente essere parlato o consistere in suoni di qualsiasi tipo. Le persone che non possono parlare usano il linguaggio dei segni, come fanno anche i bambini quando non sanno ancora parlare. Lo studio dei primati ha scoperto che alcuni di loro possono imparare a usare il linguaggio dei segni, anche se le corde vocali e il cervello di questi animali non permette loro un linguaggio vocale. Le loro corde vocali non si chiudono completamente, e non hanno la muscolatura per il controllo della lingua e della mascella inferiore necessario per parlare. Sono però capaci di comunicare attraverso la tastiera di un computer o a gesti.

È stato possibile insegnare il linguaggio dei segni a scimpanzé, bonobo, orangutan e gorilla. C'è stato addirittura il caso di uno scimpanzé che di sua iniziativa ha insegnato alcuni segni ad altri scimpanzé. Non c'è ragione di credere che questi primati abbiano imparato un linguaggio dotato di una grammatica coerente. Sembra piuttosto che si servano dei segni come di simboli scollegati. Però alcuni scimpanzé hanno usato la lingua dei segni americana (ASL) con risultati interessanti. Washoe era una scimpanzé cresciuta da una coppia di zoologi, Allen e Beatrix Gardner, in un contesto per quanto possibile simile a quello in cui sarebbe cresciuto un bambino umano. Washoe imparò circa 350 segni ASL e sapeva anche combinarli per creare nuovi termini, come "tazza metallo bere" per il thermos e "uccello acqua" per il cigno. Quando una dei custodi spiegò a Washoe che aveva perso il figlio che portava in grembo Washoe dimostrò di aver capito tracciando un dito attraverso la guancia, che nella lingua dei segni significa "piangere". Gli scimpanzé non possono piangere, ma la stessa Washoe aveva perso due figli e con la sua reazione mostrava di capire e partecipare al dolore.

PARLARE CON GLI ANIMALI

In tanti sono convinti che i loro animali domestici li capiscano e che possano comunicare con loro liberamente. Un cane che porta il guinzaglio al proprietario per chiedere di essere portato a spasso o un gatto che si siede vicino alla sua ciotola quando ha fame sono certamente esempi di comunicazione, non è però come usare un linguaggio vero e proprio. Il linguaggio ha una struttura grammaticale e parole (o gesti) appartenenti a diverse categorie in base al loro significato come, per esempio, nomi, verbi e aggettivi. Un cane che reagisce all'ordine "Seduto!" non conosce il significato della parola, sa soltanto che avrà in cambio l'approvazione del proprietario (o magari qualcosa da mangiare) se si siede quando sente quel particolare suono. Si tratta di condizionamento, non di comprensione.

Allo stesso modo, l'essere umano può fare il collegamento tra un suono o un gesto dell'animale domestico e una sua richiesta particolare. Però non conosce la "parola" espressa dal suono, sa semplicemente che l'animale vuole del cibo o uscire per una passeggiata. Questo non è linguaggio. Il suono può voler dire "per favore dammi da mangiare" o "ho fame", due frasi completamente diverse che provocano però la stessa azione del padrone dell'animale. Capire che un cane vuole andare al parco perché vi avvicina col guinzaglio in bocca non è la stessa cosa che parlare il linguaggio dei cani.

Alcuni animali sono capaci di imparare il linguaggio degli esseri umani a sufficienza da capire ordini piuttosto complessi, anche se non sanno rispondere a parole. Kanzi, un bonobo nato nel 1980, sa riconoscere molte parole in inglese. Sa rispondere correttamente anche a comandi che non sono composti da combinazioni standard di parole che ha già sentito prima. Una volta, quando gli fu chiesto, portò fuori un forno a microonde, ed era qualcosa che non aveva mai fatto prima.

All'inizio, Kanzi imparò sentendo le lezioni che i ricercatori impartivano a sua madre. Cominciò a servirsi di un sistema che gli permetteva di costruire frasi rudimentali grazie a una tastiera con simboli (lessigrammi) che rappresentano delle parole. Questo sistema è chiamato "Yerkish", un linguaggio artificiale con la sua propria sintassi creato appositamente per comunicare con altri primati. Quando gli fu chiesto di identificare degli oggetti in un test che consisteva di 180 prove, Kanzi rispose correttamente il 93% delle volte, e rispose a domande complesse con un'accuratezza del 74%. Quando gli chiesero di "fare che il cane morda il serpente", Kanzi cercò in una selezione di oggetti e scelse un cane e un serpente giocattolo, poi con il suo pollice e indice chiuse la bocca del cane sul serpente, mostrando di aver capito perfettamente la consegna.

KOKO

A partire dai 6 mesi, la gorilla Koko ha vissuto per 46 anni in stretto contatto con gli esseri umani in un centro di ricerca in California. Nel corso degli anni ha imparato a comunicare servendosi della lingua dei segni americana. Nel 2015 uno studio dimostrò che Koko era in grado di controllare alcuni aspetti della respirazione e del vocalizzo di cui i gorilla abitualmente non si servono. Questi includono il tossire, soffiarsi il naso e fare le pernacchie. I risultati sembrano indicare che, in presenza di determinati stimoli ambientali, alcuni primati hanno un controllo delle parti del corpo necessarie al linguaggio parlato superiore a quanto si potrebbe pensare. Questo non significa necessariamente che sarebbe possibile insegnargli a parlare.

GLI UCCELLI NON SONO STUPIDI

I primati non sono capaci di vocalizzare il linguaggio umano, alcuni uccelli invece sì. Tra questi, l'esempio più famoso sono i pappagalli, non solo perché capaci di ripetere parole e frasi intere, ma anche perché dimostrano di capire in parte il loro significato.

Il più famoso di tutti i pappagalli parlanti è stato Alex (1976-2007), un pappagallo cenerino addestrato da Irene Pepperberg dell'Università dell'Arizona. Alex sapeva rispondere a domande e dire alcune frasi spontaneamente. Gli scienziati hanno opinioni diverse a proposito delle sue capacità intellettive e comunicative; alcuni pensano che non avesse imparato un granché, e stesse semplicemente rispondendo a un condizionamento.

Però ha il primato di essere l'unico animale ad aver mai posto una domanda. Quando stava imparando i colori, chiese: "Di che colore sono io?", Pepperberg ripeté "grigio" sei volte, e allora Alex disse "Io sono grigio". Questa capacità di fare una domanda invece che rispondere o reagire a un comando rappresenta un tipo di comunicazione molto diversa.

CONDIZIONAMENTO OPERANTE

Un animale può essere addestrato con una punizione o un premio. Questo sistema è chiamato condizionamento operante. Il primo studio sul condizionamento operante fu condotto sui gatti alla fine del XIX secolo da Edward Thorndike. Scoprì che i gatti imparavano a ripetere un comportamento che veniva premiato. Uno studio successivo mostrò che gli animali imparano a evitare quei comportamenti che vengono puniti. La comunicazione con gli animali domestici è per lo più una forma di condizionamento operante.

CAPITOLO 14

CHE COSA STA SUCCEDENDO AL CLIMA?

CHE VI PIACCIA O MENO, IL CLIMA STA CAMBIANDO. MA NON C'È NIENTE DI NUOVO: IL CLIMA CAMBIA COSTANTEMENTE.

PALEOCLIMATOLOGIA

È molto più facile ricavare le condizioni meteorologiche del passato che predire quelle future. Ma guardare al passato aiuta a capire quello che succederà, perché per fare delle previsioni è necessario comprendere le condizioni che hanno portato a certi risultati in passato e poi cercare di trovare una corrispondenza tra le condizioni attuali e un insieme di condizioni del passato.

COSA SAPPIAMO?

I dati meteorologici più antichi che abbiamo risalgono soltanto a qualche centinaio di anni fa. Per quel che riguarda certe parti del mondo, i dati attendibili di cui disponiamo risalgono ad appena un secolo, cioè da quando le prime organizzazioni meteorologiche cominciarono a raccogliere dei dati quotidianamente. Prima di questo, le sole testimonianze a nostra disposizione erano osservazioni amatoriali e le descrizioni, specie di eventi climatici rari o estremi, trovate nei diari privati. La raccolta di dati meteorologici più antica e ininterrotta è quella dell'Inghilterra centrale, cominciata nel 1659, che riguarda un'area che va dalle South Midlands al Lancashire.

Ovviamente non è possibile misurare e registrare la temperatura senza uno strumento dotato di un sistema di misurazione coerente. Il primo passo in questa direzione fu rappresentato dal "termoscopio", l'antenato del moderno termometro, ideato nel 1612 dallo scienziato italiano Santorio Santorio. Egli si serviva di questo strumento per misurare la temperatura dei malati. Questo strumento consisteva in un semplice tubo di vetro, parzialmente riempito di acqua. Come tutti i termometri non elettrici, il suo funzionamento si basava sul principio che i cambiamenti di temperatura fanno sì che l'aria o un liquido in un tubo si espandano o si contraggano, causando l'aumento o l'abbassamento del livello liquido. Questo, in mancanza di un sistema di misurazione, dava soltanto un'idea approssimativa della temperatura.

TEMPO E CLIMA

Il *tempo* riguarda condizioni meteorologiche immediate: sta piovendo? C'è la nebbia? Vento forte? Il *clima* invece riguarda modelli meteorologici su un arco cronologico più lungo: la temperatura media di questo decennio è più alta rispetto a 50 anni fa? Rispetto a 300 anni fa la piovosità media è cambiata?

Mentre gli episodi isolati non sono l'indicazione di un cambiamento climatico, il cambiamento della frequenza degli eventi meteorologici invece può esserlo. Così, mentre una sola inondazione di scala biblica non ha un particolare significato, se questa si verifica sei volte in un decennio probabilmente è indicativa di qualcosa.

Il primo termometro con una vera e propria scala di temperatura fu sviluppato intorno al 1650 da un astronomo danese, Ole Rømer. Il suo termometro usava vino come liquido e indicava il punto di ebollizione dell'acqua a 60 e a 7,5 quello di scioglimento del ghiaccio. È difficile immaginare il motivo che lo spinse a adottare una scala così bizzarra. Questo modello fu migliorato dal tedesco Daniel Fahrenheit, che sostituì il mercurio al vino o all'acqua, e stabilì 0° come punto di congelamento dell'acqua salata. Su questa scala, 32° rappresentava il punto di congelamento dell'acqua pura, e 212° il suo punto di ebollizione.

Un sistema più pratico, specialmente per gli studi scientifici, fu sviluppato dal fisico svedese Anders Celsius: l'intervallo di temperatura tra il punto di congelamento e di ebollizione dell'acqua è diviso in 100 parti, ma Celsius stabilì lo 0 come punto di ebollizione e 100 quello di congelamento! Fu grazie all'intervento del naturalista svedese Carlo Linneo che la scala venne rovesciata per ottenere il sistema che usiamo oggi.

Neve e precipitazioni sono più facili da misurare della temperatura. Anche prima dell'esistenza dei termometri, i documenti storici spesso riportano condizioni climatiche inusuali, che si tratti di freddo o caldo, siccità, inondazioni, forti venti e via dicendo. Gli *Annali irlandesi* sono tra le più antiche cronache d'Europa e registrano eventi climatici come un periodo particolarmente freddo nell'anno 700 e le burrasche che nell'892 sradicarono alberi e distrussero edifici.

LE TESTIMONIANZE NATURALI

Mettendo da parte le testimonianze umane, possiamo spesso capire le condizioni meteorologiche generali di un particolare anno esaminando gli anelli di accrescimento degli alberi. La sezione del tronco di un albero rivela il suo modello di crescita attraverso anelli chiari e scuri che indicano l'alternarsi autunno/inverno e primavera/estate. Ogni anello rappresenta un anno della vita dell'albero. Lo spessore degli anelli è indicativo delle condizioni di crescita di quell'anno. Una estrema siccità, per esempio, risulterà in anelli più stretti perché l'albero sarà cresciuto meno del solito. È possibile anche studiare gli anelli degli alberi fossilizzati, che in alcune parti del mondo (specialmente in Europa e Nord America) ci permettono di avere informazioni su condizioni meteorologiche risalenti fino a 9000 anni fa.

Grazie allo studio delle barriere coralline e dei campioni di ghiaccio possiamo risalire a epoche ancora più antiche. Il corallo, come gli alberi, cresce a strati annuali. È un po' più difficile leggervi delle informazioni, poiché lo spessore dello strato dipende, oltre che dal clima, dalla limpidezza dell'acqua e dalla disponibilità di sostanze nutrienti.

Per ottenere dati relativi a epoche ancora più remote, gli scienziati prelevano dei campioni di ghiaccio antartico che presentano anche loro degli strati annuali che ci danno informazioni sul clima, sull'inquinamento e sui livelli di gas nell'atmosfera. I dati estratti dai campioni di ghiaccio interessano un periodo che va fino a 800.000 anni fa, abbastanza da permetterci di confrontare le temperature e i livelli di anidride carbonica di adesso con quelli dell'epoca preindustriale e anche, virtualmente, preumana.

Non è possibile risalire con lo stesso livello di accuratezza a un'epoca anteriore agli 800.000 anni, ma i paleoclimatologi (gli scienziati che studiano il clima preistorico) hanno individuato dei cicli di clima caldo e freddo durati migliaia di anni. Il clima si modifica nel corso di periodi lunghissimi a causa di cambiamenti nell'orbita della Terra e nella composizione dell'atmosfera e del Sole stesso.

Per il genere umano è particolarmente interessante scoprire la variazione delle temperature durante gli ultimi 500 milioni di anni, cioè da quando si è evoluta la vita sulla terraferma. Da allora ci sono state ere glaciali e periodi caldi.

ERA GLACIALE

Ci sono state almeno cinque ere glaciali significative. La prima è durata 300 milioni di anni, da 2400 a 2100 milioni di anni fa. La seconda era glaciale è stata la più intensa, da 850 a 630 milioni di anni fa, e ha visto il ghiaccio estendersi fino all'equatore.

Dato l'aspetto che doveva avere il pianeta in quel periodo, questo fenomeno è stato chiamato "Terra a palla di neve", perché è possibile che la totalità delle terre emerse fossero ricoperte di ghiaccio. Quando finalmente il ghiaccio si sciolse la Terra si riscaldò notevolmente, e a quel punto sembra che ci fu un proliferare di vita con la comparsa di animali complessi multicellulari e piante. Alcuni organismi lasciarono il mare per vivere sulla terraferma, dove cominciarono rapidamente a moltiplicarsi. La temperatura raggiunse una media di oltre 15 °C superiore a quella attuale.

In seguito alle due successive ere glaciali, una da 460 a 420 milioni di anni fa, e l'altra da 360 a 260 milioni di anni fa, si ebbe l'avvento dei dinosauri. Il loro mondo era molto più caldo del nostro. All'inizio del loro regno, che durò 165 milioni di anni, la temperatura era di circa 10 °C più calda di ora; benché a un certo punto la temperatura media sia scesa fino a superare quella attuale soltanto di un paio di gradi, al momento della loro estinzione era di nuovo risalita di più 6 °C.

Durante gli ultimi 65 milioni di anni, dopo un innalzamento avvenuto 50 milioni di anni fa, la temperatura è scesa gradualmente arrivando – circa 3 milioni di anni fa – più o meno ai livelli attuali. Ma quello è stato solo l'inizio della successiva era glaciale, un'era nella quale ci troviamo tuttora. Se non ci sembra abbastanza freddo per definirla un'era glaciale è perché stiamo vivendo in una parentesi più calda all'interno di essa. Inoltre, non avendo esperienza di un'epoca diversa, non la possiamo confrontare a un'altra. Se avessimo vissuto quando la temperatura era più alta di 14 °C, adesso potremmo chiaramente percepire la differenza.

L'attuale era glaciale è iniziata 2,8 milioni di anni fa. È caratterizzata da periodi più caldi (come adesso) e di glaciazione (freddo) secondo uno schema ciclico. All'inizio dell'era glaciale, la temperatura variava ogni 40.000 anni, adesso questo fenomeno avviene ogni 100.000. L'ultimo periodo glaciale è terminato circa 10.000 anni fa, e questo suggerisce che il clima dovrebbe restare piuttosto caldo ancora per un po', per tornare a essere veramente freddo solo tra decine di migliaia di anni. La fine dell'ultimo periodo glaciale ha coinciso col periodo in cui gli esseri umani hanno cominciato a stanziarsi e a scoprire l'agricoltura, abbandonando il nomadismo e la vita da cacciatori-raccoglitori. È nel periodo caldo che è fiorita la nostra civiltà.

DEFINIRE L'ERA GLACIALE

I climatologi definiscono un'era glaciale un periodo nel quale c'è almeno una grande calotta di ghiaccio ininterrotta. Adesso ne abbiamo a entrambi i poli, ma quella che ricopre il Polo Nord rischia di sciogliersi completamente nei mesi estivi. Ne rimarrà una, l'Antartico, così l'era glaciale continuerà. Ma per quanto tempo ancora?

RISCALDAMENTO

Il progressivo cambiamento di temperatura degli ultimi 400.000 anni sembra indicare il rapido passaggio da un periodo freddo a uno caldo, e poi un nuovo abbassamento a singhiozzo delle temperature. È anche possibile che il periodo caldo che stiamo attraversando sia atipico nel suo mantenere temperature costantemente elevate.

L'ultimo periodo caldo sembra essere stato caratterizzato da fasi di freddo estremo durate ciascuna centinaia di anni. Cosa sarebbe di noi se, per esempio, l'intera storia dell'Impero Romano o dei primi imperatori cinesi si fosse svolta durante una fase di freddo estremo? Ci troveremmo adesso a un livello di sviluppo paragonabile a quello del XVII secolo? O non saremmo forse neppure sopravvissuti? Oppure la popolazione

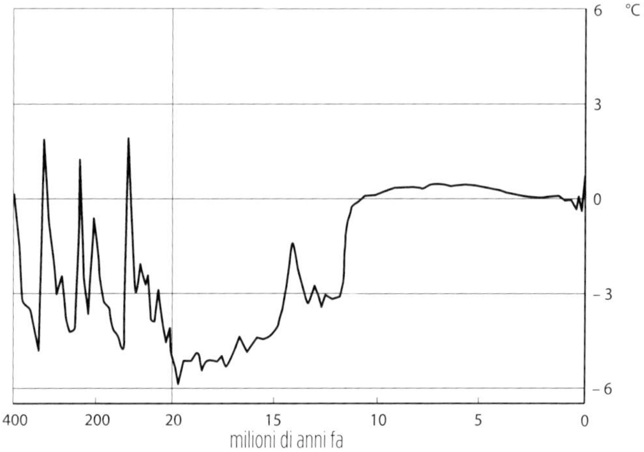

Il grafico mostra il cambiamento delle temperature medie a livello globale nel corso degli ultimi 400.000 anni. Gli ultimi 20.000 sono mostrati in maggiore dettaglio.

umana avrebbe subito un declino tale da portarla ai livelli di 70.000 anni fa, quando vivevamo in gran parte in prossimità dell'equatore per godere di un clima più clemente? Forse il genere umano è stato molto fortunato per il clima che lo ha accompagnato fino a ora.

Così è possibile che il clima resti caldo per altri 50.000 anni e che diventi sempre più caldo prima di raffreddarsi. Che sia o meno un prodotto dell'azione dell'essere umano, il fatto che ci sia un cambiamento climatico in atto è una realtà indiscutibile. Se seguirà la sua traiettoria naturale potremo prevedere un aumento della temperatura media, che è ancora ben lontana dal picco che di solito caratterizza un periodo interglaciale (caldo). Ci aspettiamo che a un certo punto salirà di circa 3 °C rispetto alla temperatura attuale. Se a questo aggiungiamo l'influenza delle attività umane, è possibile che la temperatura raggiunga livelli molto più elevati e in tempi molto più rapidi.

PIÙ O MENO TERRA

Al riscaldamento del clima e allo scioglimento dei ghiacci si accompagna l'innalzamento del livello delle acque del mare. Nel periodo più freddo, il livello dei mari del pianeta era inferiore di circa 120 metri rispetto a ora. Tantissima acqua è intrappolata nel ghiaccio. Vaste aree di terra che adesso sono sommerse emergono durante questi periodi freddi. Durante l'ultimo periodo glaciale gli esseri umani potevano spostarsi a piedi tra la Gran Bretagna e l'Europa continentale attraversando una terra chiamata Doggerland, che adesso giace sul fondo del Mare del Nord.

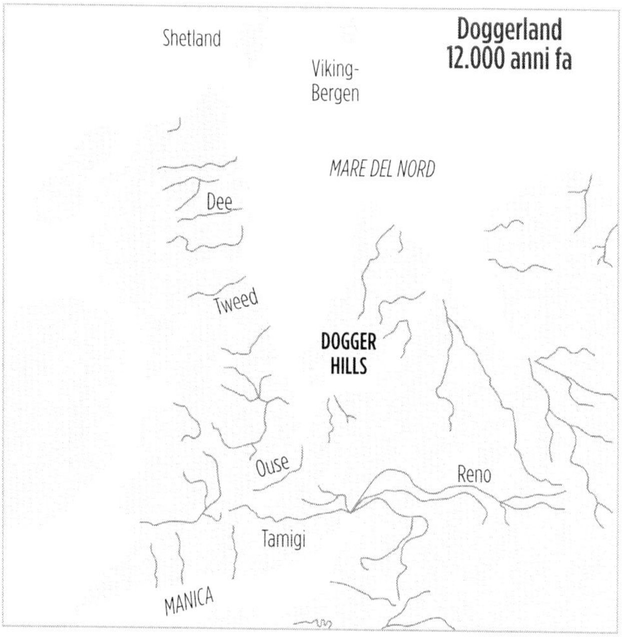

La mappa mostra l'ipotetica estensione della Doggerland che costituiva un ponte di terra tra la Gran Bretagna il resto d'Europa circa 12.000 anni fa.

"Quando il riscaldamento globale si avvicina e supera i due gradi Celsius, c'è il rischio che si scatenino degli elementi di destabilizzazione non-lineari. Tra questi c'è la lo scioglimento della calotta polare dell'Antartico occidentale, che causerebbe il rapido innalzamento del livello dei mari, o la morte su larga scala della vegetazione nella foresta amazzonica che avrebbe un impatto devastante sugli ecosistemi, i fiumi, l'agricoltura, la produzione energetica e i mezzi di sostentamento. Tutto questo peggiorerebbe ulteriormente l'effetto del riscaldamento globale che marca il XXI secolo, e avrebbe un impatto su continenti interi."

Banca Mondiale 2012

Il suo nome è stato però tramandato ed è noto ai marinai come "Dogger", e così viene ancora chiamata nei bollettini nautici britannici.

Persino un innalzamento di piccola entità sarebbe sufficiente a inondare quelle città che si trovano sul livello del mare; città come Venezia, New York e Hong Kong si troverebbero a rischio inondazione.

L'aumento del livello del mare è una certezza, non sappiamo soltanto se questo avverrà tra 100 o 15.000 anni e, perciò, se avremo il tempo necessario per prepararci.

E IL CLIMA?

Il surriscaldamento globale porta con sé un cambiamento delle condizioni climatiche, eventi meteorologici estremi, un cambiamento dei venti e delle correnti marine. In molte aree del mondo questo cambiamento dei modelli climatici è già osservabile. Alcuni luoghi hanno estati più calde o tempeste più forti o più frequenti, oppure inverni più piovosi.

Il clima è un sistema estremamente complesso, non solo influenzato dalla temperatura di terra aria e mare, ma anche dalle correnti marine, dall'andamento dei venti e da molti altri elementi e fattori. Anche la conversione delle foreste in terra coltivabile o centri abitati ha un impatto sul tempo atmosferico, alterando il comportamento del vento e delle nuvole sopra il terreno e l'evaporazione dell'acqua dalla superficie. Questo contribuisce alla complicata alternanza di fattori che determina il clima.

Il sistema meteorologico è caotico. Questo non vuole dire che manchi di logica, ma che questa logica è estremamente complicata, e perciò anche una singola piccola modifica a uno dei fattori può innescare una catena di cambiamenti.

Per questa ragione le previsioni del tempo sono notoriamente difficili da fare e poco affidabili, persino se fatte in un clima relativamente stabile e a breve termine. Fare previsioni del tempo che interessino un futuro più distante è estremamente problematico.

TUTTO CAMBIA?

Nel corso della storia del pianeta, piante e animali hanno dovuto adattarsi ai cambiamenti ambientali. Quelle specie capaci di adattarsi meglio e più velocemente hanno maggiore possibilità di sopravvivere, quelle che invece non si adattano finiscono spesso con l'estinguersi.

Il mondo naturale non vede distinzioni tra i cambiamenti portati dalle attività umane e quelli causati da eventi naturali. Alcuni tipi di animali si sono già evoluti in reazione a cambiamenti causati dall'essere umano (vedi *L'umanità rappresenta il culmine dell'evoluzione?* a pagina 13).

Questi cambiamenti si sono verificati velocemente, nel corso di alcune decine di anni. Alcune piante e animali saranno capaci di adattarsi al cambiamento del clima, almeno inizialmente.

Se le temperature dovessero tornare le stesse che si sono presentate in un passato molto lontano, è probabile che il mondo naturale del futuro sarà molto diverso da quello che conosciamo. Tante specie animali che esistono attualmente potrebbero sopravvivere a un aumento di temperatura di qualche grado, altre invece andranno incontro all'estinzione e nuove specie emergeranno.

UN'ESISTENZA IN PERICOLO

Per sopravvivere, gli orsi polari hanno bisogno di ghiacci marini e di un'alimentazione a base di foche. Man mano che i mari diventano più caldi, i ghiacci si sciolgono e per gli orsi polari la caccia si fa sempre più difficile. Le foche che vivono in mari molto freddi si spingono ancora più a nord in cerca di acqua più fredda, fuori dal raggio di azione degli orsi. Gli orsi polari potrebbero adattarsi a mangiare tipi diversi di cibo e/o cambiare le loro abitudini cacciando principalmente sulla terra invece che sul ghiaccio.

Alcuni orsi polari si stanno spostando verso sud invece che verso nord incrociandosi con orsi grizzly, loro parenti prossimi. Se questo porterà comunque all'estinzione degli orsi polari, sarà però attraverso un graduale cambiamento della loro specie, e non per mancanza di cibo. È grazie a un processo del genere le che le specie cambiano ed evolvono. Non c'è modo di sapere se gli orsi polari saranno vittime del cambiamento climatico o se riusciranno invece ad adattarsi a un mondo più caldo.

NON CI SIAMO SOLO NOI

Qualunque cosa sia in serbo per l'umanità, il pianeta e la vita in generale sono sopravvissuti e si sono adattati a numerose variazioni climatiche. Se si verificasse un radicale cambiamento del clima, la specie umana potrebbe non sopravvivere, ma alcune forme di vita certamente sì.

E le condizioni meteorologiche? Cambieranno in corrispondenza col clima, ma nessuno può davvero prevedere che tempo farà il mese o l'anno prossimo.

CAPITOLO 15

È FINITA L'ERA DEGLI ANTIBIOTICI?

SI PARLA NEI MEDIA DI BATTERI SUPER-RESISTENTI AGLI ANTIBIOTICI. CHE COSA È ANDATO STORTO CON LA MEDICINA MODERNA?

I BRUTTI TEMPI PASSATI

Fino al XX secolo gli antibiotici non esistevano. Ci si affidava a cure fai-da-te a base di sostanze conosciute da secoli per il loro effetto antibatterico, ma non esisteva nulla che avesse l'efficacia degli antibiotici attuali. Benché i nostri corpi siano dotati di un sistema immunitario che aiuta a proteggerci dalle infezioni, molte malattie si sono evolute in modo da sconfiggere i meccanismi di difesa del corpo. Quando questo succede, il sistema immunitario può trovarsi completamente sopraffatto. In passato le persone morivano a causa di malattie batteriche e ferite infette oggi facilmente curabili.

FARMACI MIRACOLOSI

Il primo antibiotico moderno fu la penicillina, scoperta da Alexander Fleming nel 1928. Ciò avvenne in modo casuale: al ritorno da una vacanza, si rese conto che in alcuni contenitori in cui aveva preparato una coltura batterica qualcosa aveva impedito ai batteri di riprodursi. Una muffa, il *Penicillium notatum*, aveva prodotto una sostanza chimica tossica per il batterio *Staphylococcus aureus*.

MUSCHIO E MIELE

Il miele e alcuni tipi di muschio possiedono proprietà antibatteriche, e per anni sono stati usati per medicare le ferite. Il miele aiuta perché richiude la ferita, uccidendo i batteri che hanno bisogno di aria per vivere, e la sua composizione ad alto contenuto di zucchero fa raggrinzire le cellule batteriche. Alcuni muschi contengono un forte antibatterico naturale. I soldati che ancora fino alla Prima guerra mondiale usavano il muschio *Sphagnum* per medicare le ferite, ne apprezzavano la qualità assorbente e la capacità di impedire alla ferita di infettarsi.

Nel 1941 l'australiano Howard Florey e il tedesco Ernst Chain crearono a partire dall'estratto del *Penicillium* il farmaco conosciuto oggi col nome di penicillina. Il suo utilizzo durante la Seconda Guerra Mondiale salvò le vite di molti soldati che sarebbero morti di infezione. Fleming, Florey e Chain furono premiati con il Nobel per la medicina per la loro scoperta che si calcola abbia salvato la vita a oltre 80 milioni di persone.

Alla penicillina seguirono molti altri antibiotici. Ognuno può combattere solo un tipo particolare di infezioni causate da uno specifico batterio, così la ricerca per ottenere nuovi antibiotici continua tutt'oggi. Sembravano dei farmaci miracolosi: improvvisamente era possibile curare molte infezioni che fino a quel momento erano letali. Gli antibiotici sono adesso talmente comuni che sembra incredibile che la loro esistenza risalga solo alla metà del secolo scorso. Ancora adesso molti si ricordano di quando non esistevano.

TROPPO MIRACOLOSI?

L'avvento degli antibiotici sembrava troppo bello per essere vero, e forse era proprio così. Non ci volle tanto prima che lo *Staphylococcus* smettesse di rispondere alla penicillina. L'evoluzione dei batteri è rapidissima. Il loro ciclo vitale è così breve che in pochissimo tempo si susseguono molte generazioni, e il tempo necessario alla comparsa di mutazioni utili è particolarmente ridotto. Questo li aiuta a superare gli ostacoli o i cambiamenti che avvengono nel loro ambiente. Essi possono anche scambiare mutazioni genetiche con altri batteri. In questa maniera una mutazione che permette a un batterio di resistere a un antibiotico sarà presto condivisa con altri batteri.

Per lo *Staphylococcus* il nemico era la penicillina. Quando lo *Staphylococcus* divenne immune alla penicillina il mondo della medicina avrebbe dovuto ascoltare il campanello d'allarme, ma l'avvertimento fu ignorato. L'uso di antibiotici è anzi aumentato: non sono impiegati soltanto per trattare le infezioni negli esseri umani, ma sono anche somministrati agli animali da allevamento. Quando gli agricoltori si resero conto che dando antibiotici al bestiame la produzione aumentava, hanno cominciato a somministrarne su larga scala a prescindere dal fatto che gli animali fossero malati o meno.

Anche le persone hanno cominciato ad assumere antibiotici in maniera indiscriminata. Una volta assimilata l'idea che gli antibiotici fossero una cura per ogni male, hanno cominciato a chiederne la prescrizione ai dottori, richieste assecondate dai medici anche per quelle infezioni virali per le quali sono totalmente inefficaci. Quando i pazienti non portavano a termine un ciclo di antibiotici, o li assumevano senza un vero motivo o, senza saperlo, in minuscole dosi nella carne o nel latte, i batteri che prendevano di mira avevano un'opportunità di sviluppare una resistenza alla medicina. L'esposizione a una dose meno-che-letale di antibiotici permetteva ai batteri di sviluppare delle difese. Un numero sempre maggiore di batteri è diventato resistente agli antibiotici più comunemente usati per combatterli.

LA VENDETTA DEI BATTERI

La comparsa dei cosiddetti batteri super-resistenti come il MRSA cominciò negli anni Novanta. MRSA significa "stafilococco aureo resistente alla meticillina" (è un ceppo del batterio che Fleming aveva coltivato). La meticillina era l'antibiotico al quale si faceva ricorso per trattare i batteri resistenti a tutti gli altri antibiotici. Così, la comparsa di una varietà resistente alla meticillina rappresentò un grosso problema per i medici.

Aumentare il livello di igiene negli ospedali si è dimostrato molto efficace nella lotta contro le infezioni, ed è probabile che, ancora una volta, la pulizia sarà sempre più importante nella vita di tutti i giorni. Se non è più possibile curare un'infezione allora tanto vale fare il possibile per prevenirla.

UNA BATTAGLIA PERSA

Alcuni antibiotici d'emergenza possono essere usati per combattere i batteri resistenti agli antibiotici più comuni. Ma anche questi cominciano a perdere la loro efficacia e molti ricercatori credono che l'era degli antibiotici sia giunta al termine.

Nel 2009 è stato individuato l'NDM1, un enzima che rende i batteri resistenti a un'intera classe di antibiotici d'emergenza. Il gene che codifica questo enzima può trasmettersi facilmente tra diverse specie di batteri, diffondendo la capacità di resistenza. È già comune in India e da lì si è diffuso, trasportato dai viaggiatori, in particolare i turisti della salute (chi viaggia per sottoporsi cure mediche). La gonorrea, malattia sessualmente trasmissibile, è già incurabile in alcune regioni dove circola la variante resistente agli antibiotici. Una forma di tubercolosi resistente ai medicinali è sempre più presente, specialmente in Russia. I batteri antibiotico-resistenti sono parte di un problema più grande, cioè la sempre maggiore resistenza ai farmaci. Tra questi ci sono medicine usate per trattare infezioni da funghi, malattie causate dai parassiti, come la malaria, e infezioni virali tra cui l'HIV.

E POI, DOVE?

Non abbiamo un piano vero e proprio per la medicina nell'era post-antimicrobica. La scoperta di altri antibiotici potrebbe permetterci di guadagnare un po' di tempo, ma ben presto i batteri svilupperanno una resistenza anche a questi. Una possibilità sarebbe far ammalare gli stessi batteri. Infatti i batteri possono, proprio come ogni altro organismo, contrarre delle infezioni. Essi possono essere infettati da un tipo di virus chiamato macrofago, o istiocita. Come gli altri virus, gli istiociti entrano in una cellula, si moltiplicano e ne escono, distruggendola e diffondendosi in altre cellule. Potrebbe essere possibile curare alcune infezioni batteriche attaccando i batteri con specifici istiociti. Un'altra possibilità potrebbe essere usare la lisina, un enzima che gli istiociti producono per rompere la parete di una cellula quando sono pronti a uscirne. Anche applicata fuori dalla cellula, sembra che lisina sia in grado di distruggerla. È tuttavia importante fare attenzione che siano attaccati soltanto i batteri nocivi, e che le cellule che formano parti del corpo o i batteri che ci sono utili rimangano intatti.

Passerà ancora molto tempo prima che queste cure diventino comuni. Nel frattempo, dobbiamo cercare di usare gli antibiotici in maniera sensata, così che continuino a essere efficaci il più a lungo possibile. Dobbiamo dare alla ricerca il tempo di trovare la prossima cura miracolosa, prima di esaurire completamente l'ultima.

ANTIBIOTICI AI PORCI

Negli USA l'80% degli antibiotici sono somministrati al bestiame. Dare antibiotici agli animali consente agli allevatori di tenerli in condizioni malsane senza temere che tra loro si diffondano malattie. Questa pratica consentirebbe di risparmiare a livello economico, ma potrebbe avere gravi conseguenze per tutti se sempre più antibiotici diventano inutili per trattare le malattie negli esseri umani.

CAPITOLO 16

LE CELLULE STAMINALI SONO IL FUTURO DELLA MEDICINA?

SI È MOLTO DISCUSSO CIRCA L'AIUTO CHE LE CELLULE STAMINALI POSSONO DARCI PER COMBATTERE VARIE MALATTIE. DA CHE PARTE STA LA VERITÀ?

CHE COSA SONO LE CELLULE STAMINALI?

Le cellule staminali si chiamano così perché da esse derivano altre cellule: hanno la capacità di diventare cellule di tipi diversi. Le cellule che costituiscono l'embrione allo stato iniziale sono chiamate "cellule staminali totipotenti" e possono diventare qualsiasi tipo di cellula. In uno stadio più avanzato dello sviluppo dell'embrione, le cellule staminali vedono limitarsi la gamma dei tipi di cellula che possono diventare (cellule pluripotenti o PSC).

Dopo la nascita continuiamo ad avere delle cellule staminali, ma sono diverse e il loro potenziale è ancora più limitato. Per esempio, in profondità all'interno della pelle ci sono cellule staminali che possono diventare diversi tipi di cellule cutanee, ma non potrebbero diventare cellule sanguigne. Nel midollo osseo ci sono cellule staminali che possono diventare tipi di cellule sanguigne, ma non possono diventare cellule della pelle. Le cellule staminali servono per riparare i tessuti danneggiati, per la crescita, e per sostituire il tessuto che deve rinnovarsi ciclicamente, come il rivestimento dell'intestino.

GLI USI DELLE CELLULE STAMINALI

Le cellule staminali sono state salutate come una soluzione per riparare corpi danneggiati, curare malattie e forse persino far crescere nuovi tessuti o organi.

Per il momento le cellule staminali possono essere usate per trattare alcuni tipi di cancro, malattie del sangue e immunodeficienze. Spesso il loro impiego porta a risultati migliori con i bambini. Possono essere usate per creare cellule ematiche sane nei pazienti le cui cellule ematiche sono state danneggiate dai trattamenti per il cancro.

Possono essere inoltre utili allo screening e alla sperimentazione di nuovi medicinali, producendo tessuti che possono essere manipolati e distrutti senza conseguenze. I test a livello cellulare sono uno stadio importante della messa alla prova dei nuovi medicinali. Le cellule staminali potrebbero per esempio essere indotte a produrre delle cellule epatiche sulle quali testare nuovi medicinali per curare le malattie del fegato. Le cellule epatiche si comportano in laboratorio come si comporterebbero all'interno del corpo, così i ricercatori potrebbero testare in tutta sicurezza gli effetti di un nuovo medicinale direttamente su cellule epatiche prima di somministrarlo a pazienti umani.

CELLULE STAMINALI: UN PRONTUARIO

Ci sono diversi tipi di cellule staminali. I loro vari nomi ci dicono le loro caratteristiche, dove si trovano e come possiamo ottenerle.

- Le *cellule staminali totipotenti* sono le più utili. Si possono trovare all'interno dell'embrione durante la primissima fase di sviluppo, e sono capaci di produrre qualsiasi tipo di cellula (dallo stesso organismo). Così, le cellule totipotenti potrebbero essere utilizzate per generare sangue, ossa, cellule nervose, cellule ematiche, tessuto polmonare, muscoli, pelle e altro ancora
- Le *cellule staminali ematopoietiche* sono cellule staminali ematiche. Si trovano nel midollo osseo e possono diventare uno dei tanti tipi di cellule sanguigne di cui disponiamo. Si possono usare per trattare le malattie del sangue.
- Le *cellule staminali embrionali* derivano dagli embrioni. L'unica cellula dell'uovo appena fecondato deve riprodursi in fretta per poter diventare tutti i diversi tipi di cellule che si trovano nel corpo.

Le cellule embrionali sono totipotenti in una primissima fase: possono diventare qualsiasi cosa. Dal 1998 è diventato possibile coltivare più cellule staminali embrionali da un campione.

- Le *cellule staminali del cordone ombelicale* sono cellule ematopoietiche estratte dal cordone ombelicale alla nascita. È un'operazione che non nuoce in nessuna maniera al bambino.
- Le *cellule staminali somatiche* si trovano in adulti e bambini. Sono tessuto-specifiche e possono diventare solo un numero limitato di tipi di cellule. Le cellule staminali della pelle, per esempio, possono produrre i vari tipi di cellule necessarie per creare la pelle.
- Le *cellule staminali pluripotenti indotte* sono cellule derivate da adulti (o bambini) e riportate in laboratorio a uno stato di pluripotenza.

CURARE LA LEUCEMIA

Per decenni abbiamo usato le cellule staminali attraverso i trapianti di midollo osseo per trattare la leucemia. Le nuove cellule ematiche sono prodotte nel midollo osseo e rilasciate nel flusso sanguigno. Quando la produzione di nuove cellule sanguigne di un paziente è difettosa, come in caso di leucemia, un trapianto di midollo osseo da qualcuno con una stretta corrispondenza genetica può correggerla fornendo nuove cellule staminali che creino cellule del sangue sane.

Prima di poter procedere col trapianto è necessario liberarsi dei globuli bianchi del paziente. Poiché i globuli bianchi sono fondamentali per il nostro sistema immunitario, per un breve periodo il paziente sarà privo di sistema immunitario (e quindi vulnerabile alle infezioni) prima di poter produrre cellule sanguigne sane.

COMINCIARE DA UNO

La maggior parte degli animali e delle piante si sviluppano a partire da una singola cellula, detta cellula uovo. La cellula uovo si divide ripetutamente per produrre più cellule. Dopo poco tempo, le cellule cominciano ad assumere funzioni particolari (a differenziarsi), diventando le diverse parti dell'embrione. Le prime cellule possono trasformarsi in qualunque tipo di cellula l'organismo abbia bisogno. Non si sa esattamente come le cellule "sappiano" che tipo devono diventare, ma il processo è principalmente controllato da sostanze chimiche rilasciate all'interno dell'embrione. Le cellule prendono istruzioni dal DNA, che ha la forma di lunghi filamenti chiamati cromosomi (vedi *Che differenza c'è tra una persona e una lattuga?* a pagina 207). Il DNA controlla ogni organismo vivente, dall'abalone alla zucchina.

Il DNA presenta una mappa completa del vostro corpo, codificata come una serie di geni sui cromosomi. I geni possono essere "espressi", ovvero sono attivati e avranno un effetto sul funzionamento della cellula, oppure "repressi", in quel caso saranno disattivati e non influiranno sulla cellula. Esprimendo i geni giusti nelle cellule giuste al momento giusto, il corpo cresce e funziona correttamente. Le ossa si sviluppano dove è previsto e smettono di crescere quando sono complete, i polmoni crescono al posto giusto e così il resto. I segnali chimici indicano a una cellula che tipo di cellula deve diventare.

LAVORARE CON LE CELLULE STAMINALI

Sembra che le cellule staminali abbiano chiaro cosa devono fare, e poi lo fanno. Introdotte in un corpo che ha necessità urgente di essere riparato, le cellule staminali producono il tipo di cellule di cui c'è bisogno. In qualche modo, sono capaci di rilevare un danno e sono programmate per ripararlo.

COLTIVARE CELLULE STAMINALI: ISTRUZIONI PER L'USO

Le cellule staminali sono prelevate da embrioni al primissimo stadio di sviluppo, fino a 14 giorni dalla fecondazione. A questo stadio, l'embrione è una blastocisti (vedi sotto), una palla di cellule per lo più vuota, con un grumo di cellule staminali ammassate da una parte.

Ci sono due fonti di cellule staminali embrionali. Inizialmente erano estratte dagli embrioni creati durante il trattamento della fertilità che erano in sovrannumero rispetto alle esigenze di una coppia. Normalmente, la *fertilizzazione in vitro* (FIV) consiste nel prendere un certo numero di ovuli dalla madre potenziale, inseminarli e poi reinserirne una piccola parte nel corpo della donna affinché si sviluppino.

Nel processo sono prodotte più uova fecondate di quante la coppia abbia bisogno. Alcune possono essere congelate e

Blastocisti

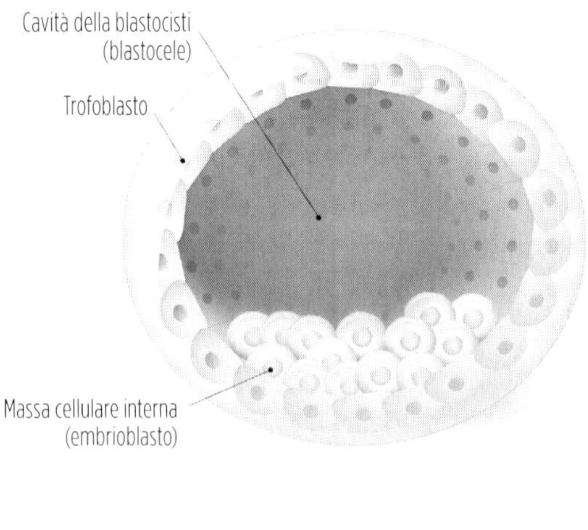

conservate per altre eventuali gravidanze, ma anche così di solito ne avanzano. Queste possono essere donate per favorire la ricerca sulle cellule staminali.

In tempi recenti gli scienziati hanno scoperto come creare embrioni umani "misti". Si tratta di embrioni fatti con il nucleo di una cellula umana (di qualsiasi tipo) e una cellula uovo di un altro mammifero. Il nucleo, che contiene il DNA, viene rimosso dalla cellula uovo ed è sostituito dal nucleo della cellula umana. La cellula viene allora stimolata con l'elettricità, cosa che lo induce a cominciare il processo di divisione. Le cellule che crescono sono per il 99,9% umane, ma sono tutte cresciute da un'unica cellula della pelle, o da un'altra cellula comune. Impiantare embrioni misti è illegale, e in ogni caso non potrebbero mai evolversi in un feto. Quando gli ovuli inseminati raggiungono lo stadio di blastocisti, le cellule staminali sono rimosse e cresciute su un terreno di coltura. Lì si riproducono velocemente, assicurando una riserva di cellule staminali da usare nella ricerca o nei trattamenti.

Un terzo sistema consiste nel prendere delle cellule da un essere umano e farle tornare allo stato di pluripotenti (in pratica riportandole indietro nel tempo). Queste sono chiamate iPSC, o cellule staminali pluripotenti indotte. Le iPSC umane sono state sviluppate per la prima volta nel 2007. Le cellule sono riconvertite usando un virus per introdurvi dei messaggi chimici.

Se si dovesse confermare la loro sicurezza, l'uso di cellule riconvertite porterebbe enormi vantaggi per la ricerca e lo sviluppo di terapie. Non ci sono implicazioni di natura etica poiché non sono utilizzati embrioni, e le cellule originali potrebbero essere estratte dal corpo del paziente stesso, annullando così il rischio di rigetto del tessuto cresciuto a partire da esse.

GIUSTO O SBAGLIATO?

L'utilizzo di cellule staminali embrionali solleva numerosi dilemmi etici e polemiche. Le cellule staminali embrionali umane possono al momento essere solo estratte da embrioni umani, e il processo di estrazione implica la distruzione dell'embrione. Anche se gli embrioni usati sono le eccedenze dei cicli di FIV, alcuni obiettano che questi, se impiantati, potrebbero potenzialmente diventare esseri umani. I genitori degli embrioni non vogliono che siano impiantati perché ritengono che le loro famiglie siano complete, così è difficile sapere cosa fare degli embrioni di troppo se non utilizzarli a scopo medico e nella ricerca.

L'utilizzo di cellule prese dal sangue del cordone ombelicale è meno controverso dal punto di vista etico. L'uso di questo sangue, che altrimenti sarebbe un rifiuto sanitario, non comporta alcun danno per la madre o per il bambino. Alcuni vogliono conservare il sangue del cordone perché possa essere utilizzato, se necessario, dal loro figlio e da un altro membro della famiglia. È generalmente improbabile che la famiglia ne avrà mai bisogno (a meno che non ci sia una già conosciuta condizione genetica che potrebbe richiederne l'uso a scopo di trattamento). Conservare le cellule staminali del sangue del cordone per uso personale è nella maggior parte dei casi inutile e un eccesso di prudenza. Molti ospedali che dispongono delle strutture per accogliere e conservare sangue cordonale incoraggiano i genitori a donarlo a una banca del cordone ombelicale invece che pagare per conservarlo. Alle loro famiglie più tardi sarà data la priorità qualora avessero bisogno di un donatore.

Usare cellule staminali da embrioni misti solleva problemi etici differenti. Alcuni si oppongono alla combinazione di specie diverse implicita nell'inserire del DNA umano in un uovo proveniente da un altro animale, anche se il nucleo e tutto il DNA sono stati rimossi dalla cellula uovo. Questo embrione non potrebbe mai raggiungere la maturità, eppure ritengono che non sarebbe mai dovuto essere creato.

Fra tutte le cellule staminali, le cellule adulte artificialmente riportate allo stadio di pluripotenza sono quelle il cui utilizzo è meno controverso.

UNA NUOVA SPERANZA

L'attuale ricerca sulle cellule staminali fa pensare che potrebbero essere utili per trattare quelle malattie in cui certi tipi di cellule sono state danneggiate o distrutte. In condizioni come l'artrite reumatoide, le cellule immunitarie attaccano le articolazioni.

Un trattamento a base di cellule staminali potrebbe comportare la rimozione delle cellule immunitarie del paziente (i globuli bianchi) e la loro sostituzione con cellule che non attaccano il corpo.

Recupero di prodotti a base di staminali immagazzinati dentro un frigorifero criogenico in laboratorio.

Esistono anche altre possibili applicazioni, come ripristinare il tessuto oculare dopo una perdita della vista causata dalla degenerazione maculare, o trattare il morbo di Parkinson o di Alzheimer risanando il tessuto cerebrale.

Le cellule staminali potrebbero essere usate per creare, fuori dal corpo, dei tessuti o degli organi di ricambio per i trapianti. Gli scienziati possono costruire una "impalcatura" (una struttura di base per l'organo) che è in seguito popolata di cellule staminali indotte a produrre il tipo giusto di cellule somatiche. In questo modo sono già state create delle vesciche artificiali.

Nonostante la ricerca sulle cellule staminali abbia il potenziale di essere rivoluzionaria, gli scienziati rimangono cauti. Non sappiamo ancora con certezza come si differenzino le cellule staminali, né come decidano quanto moltiplicarsi. Alcuni esperti temono che, se sovrastimolate, le cellule staminali possano causare il cancro, che si manifesta appunto in caso di divisione cellulare incontrollata.

CAPITOLO 17

COME FA UN BRUCO A TRASFORMARSI IN FARFALLA?

UN BRUCO TESSE UN BOZZOLO E NEL GIRO DI QUALCHE SETTIMANA NE EMERGE UNA FARFALLA. COME È POSSIBILE?

TUTTO CAMBIA

Il fatto che un animale possa trasformarsi completamente passando da uno stato a un altro all'interno di un bozzolo è uno dei miracoli della natura. Sono tanti i tipi di insetti che passano attraverso questa metamorfosi.

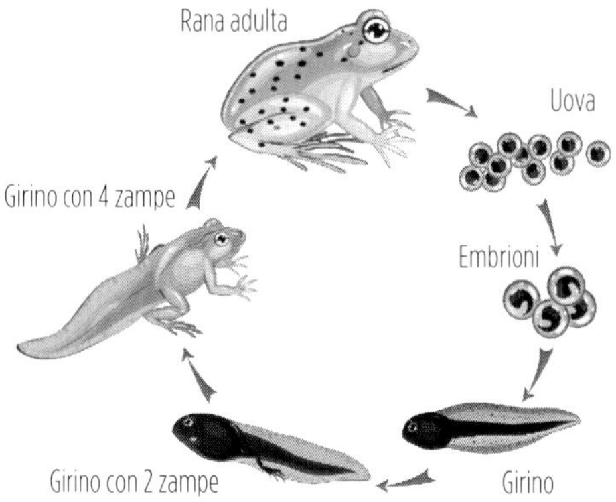

Nel caso delle rane invece possiamo osservare direttamente questa trasformazione: le zampe crescono, la coda e le branchie si riassorbono e, anche se non lo possiamo vedere, si sviluppano i polmoni. Ma la vista di ciò accade all'interno di un bozzolo (olometabolismo o metamorfosi completa) ci è preclusa.

GLI STADI DELLO SVILUPPO DEGLI INSETTI

La vita degli insetti ha inizio dalle uova, dalle quali escono sotto forma di neanidi, vermi o bruchi, che sono tipi di larve. Le larve si nutrono e crescono fino quando possono passare allo stadio di sviluppo successivo, la pupazione. A quel punto producono dei filamenti di proteine liquide che induriscono all'aria per formare fibre che la larva tesse per ottenere un bozzolo.

Il bozzolo può essere morbido o duro, a seconda della specie di insetto. Alcuni tipi di fibra di bozzolo prendono il nome di seta, e possono essere trasformati in tessuti per l'abbigliamento. Mentre si trova all'interno del bozzolo l'insetto è vulnerabile perché non può muoversi. Così, il modo migliore per stare al sicuro è nascondersi. A meno che il bozzolo non sia duro o l'insetto particolarmente tossico per i predatori, nascondersi è la sua unica difesa. Farfalle e falene spesso tessono il loro bozzolo in luoghi appartati o nascosti, come sotto una foglia o appese alle gronde degli edifici. I mosconi della carne tessono i loro bozzoli nelle crepe e negli angoli. Alcuni tipi di falena fanno addirittura il bozzolo sotto terra.

DENTRO E FUORI

Quando la larva ha ultimato il suo bozzolo è chiamata pupa, e l'insieme (bozzolo e pupa) si chiama crisalide. Quello che accade all'interno della crisalide è molto interessante. Per prima cosa gli enzimi dell'intestino che fino a quel momento avevano digerito il nutrimento della larva cominciano a digerire il corpo dall'interno verso l'esterno. A un certo punto se aprissimo un bozzolo troveremmo solo una molle poltiglia di bruco, priva di una visibile struttura corporea o parti distinguibili. Il miracolo biologico è che questa poltiglia si tramuta in un insetto completo, e complesso. Questo fenomeno caratterizza esclusivamente gli insetti.

ORGANIZZARSI

Il bruco comincia i suoi preparativi addirittura prima di uscire dall'uovo. In quella fase esso forma dei gruppi altamente organizzati chiamati dischi immaginali, che sono dedicati alle strutture specifiche dell'anatomia dell'insetto adulto. Ci sono dischi immaginali per gli occhi, le ali, le varie parti della bocca, le zampe e via dicendo. In molte specie di insetti i dischi immaginali per le ali restano dormienti durante la fase larvale, ma in alcuni si mettono all'opera dall'inizio. Questo significa che alcuni tipi di bruchi e altre larve hanno delle ali vestigiali che si formano già all'interno del corpo.

TRASFORMATORI PROVETTI

Una volta che la larva ha pupato, gli enzimi della digestione scompongono tutte o la maggior parte delle cellule del corpo della pupa eccetto i dischi immaginali e quello che si è sviluppato a partire da essi. In alcune specie viene conservato anche del muscolo o altri tessuti che faranno parte dell'insetto finale. Poi i dischi immaginali utilizzano la "zuppa" di bruco per costruire le cellule che servono per gli organi e i tessuti dell'insetto che si sta sviluppando. All'interno della pupa c'è già tutto il materiale necessario per portare a termine questo processo: deve solo essere riorganizzato. Un disco immaginale che ha all'inizio solo 50 cellule può ingrandirsi di mille volte nel corso di due settimane per costruire un'intera ala.

Dopo alcune settimane, o in alcuni casi mesi, dal bozzolo emerge l'insetto, una farfalla oppure una falena, nella sua forma finale. Per uscirne può mordere il bozzolo dall'interno, oppure produrre una sostanza chimica che lo ammorbidisce così da poterlo attraversare.

LA ZUPPA RICORDA

Uno studio del 2008 sui bruchi delle falene scoprì che quelli addestrati ad evitare un odore particolare se lo ricordavano una volta diventati falene adulte. Ai bruchi era somministrato un leggero impulso elettrico associato all'odore e impararono velocemente ad evitarlo, allontanandosi da esso nell'apparato sperimentale. Dopo la metamorfosi, anche le falene adulte evitavano l'odore. Questo fa pensare che alcune parti del sistema nervoso centrale sopravvivano alla liquefazione in "zuppa di bruco" e siano ricostituite.

CAPITOLO 18

COME LIMITARE AL MINIMO I CONSUMI DELLA PROPRIA AUTO?

SI POTREBBE PENSARE CHE PIÙ GUIDI VELOCE, PIÙ CONSUMI CARBURANTE. MA NON È COSÌ SEMPLICE.

Chiunque si sia trovato bloccato nel traffico sa che ci vuole un sacco di carburante per muoversi lentamente. Ma perché? Dipende tutto dalla quantità di lavoro e che il motore deve svolgere e da quanto è efficiente.

AUTOMOBILI E TORTE

Un motore, proprio come un corpo umano, ha bisogno di energia per funzionare. Il tuo corpo si serve del nutrimento come carburante, rompendo i legami tra le molecole per rilasciare energia quando devi fare qualcosa, che sia respirare, guarire una ferita, far crescere le unghie dei piedi o correre per prendere un autobus.

La stessa cosa fa il motore di un'automobile, rompendo i legami all'interno delle molecole per rilasciare l'energia che utilizza (attraverso il motore, l'albero a gomiti, l'albero a motore e gli assi) per far girare le ruote che muovono l'auto. Il lavoro è misurato in newton-metro o joule (sono la stessa cosa: un joule è la quantità di energia impiegata per esercitare una forza di un newton per una distanza di un metro).

Siamo forse più abituati alle calorie come unità di misura dell'energia che è contenuta nel cibo. Una caloria è la quantità di energia necessaria per aumentare di 1 °C un grammo di acqua, ed equivale a 4,2 joule. Noi otteniamo la nostra energia dal cibo, mentre le auto, di solito, la ricavano dal petrolio o dal gasolio (carburante diesel).

ENERGIA, LAVORO E FORZA

Per far muovere un'automobile serve energia, e l'energia è spesa esercitando una forza. Immagina che l'automobile non si muova e che tu debba spingerla. Per farla muovere dovrai ovviamente esercitare una forza. La forza è misurata in newton (N). Un newton è la forza necessaria per muovere una massa di un kg a un'accelerazione di 1 m/s^2. Questo vuol dire che il primo newton è speso per far accelerare la massa da uno stato di immobilità fino a farla muovere di 1 m/s^2, e il secondo newton per farla accelerare fino a 2 m/s^2, e così via. Ovviamente questa non è una grande forza, così di solito misuriamo le forze in chilonewton (kN). Se devi spingere un'auto che pesa 1000 kg, noterai che è molto difficile fare sì che inizi a muoversi, ma che non dovrai più spingere così tanto una volta che è in movimento. La ragione di questo è che la gran parte della forza che devi esercitare serve per farla accelerare, piuttosto che per farla muovere. Devi farla accelerare da zero (stato di immobilità) a una velocità (movimento). Per portare l'auto ferma a 1 m/s^2 servono 1000 N (un newton di energia per ogni kg del peso dell'auto).

ALCUNE LEGGI (NON DEL CODICE STRADALE)

Esistono due importanti leggi per scoprire quanto carburante consuma la tua automobile.

La prima di queste è la *seconda legge del moto di Newton*:

$$F = m \times a$$

significa che la forza in newton è pari alla massa in chilogrammi per l'accelerazione in metri al secondo quadrato

L'altra è la *prima legge della termodinamica*, spesso considerata come la regola della conservazione dell'energia. Questa afferma che "*l'energia non è né creata né distrutta*" ma che può trasformarsi, per esempio, da calore a lavoro (come l'energia meccanica) e da lavoro a calore.

L'energia contenuta nel carburante è energia chimica. Quando il carburante viene bruciato, i legami chimici si rompono e c'è un rilascio di energia. L'energia rilasciata dal carburante si converte nella tua auto in altre forme, ma non è tutta impiegata per farla muovere. È convertita in energia meccanica per far muovere l'automobile, e il calore ne è un prodotto secondario.

IL PROBLEMA CON L'ATTRITO

Esiste un'altra legge rilevante, ed è la *prima legge del moto di Newton*:

"Ogni oggetto che si trovi in uno stato di moto uniforme tende a rimanere in quello stato di moto a meno che non sia costretto a mutare quello stato da forze applicate a esso".

Questo significa che se mettessimo qualcosa in movimento, questo continuerà a muoversi a meno che non ci sia un ostacolo a fermarlo. Nello spazio cosmico, un mezzo spaziale messo in movimento continuerà nel suo moto quasi indefinitamente perché non c'è quasi niente che agisce su di esso per fermarlo o per deviarne il cammino, a meno che non entri nel campo gravitazionale di qualche stella, pianeta o di un altro oggetto celeste.

Le cose sono diverse per un corpo che si trovi sulla Terra perché c'è sempre materia in contatto con l'oggetto in movimento, sia essa aria, acqua o terreno (o una combinazione di queste). Questo vuol dire che c'è sempre attrito tra l'oggetto e qualunque sia la cosa che lo tocca. L'attrito con l'aria o con l'acqua si manifesta sotto forma di resistenza.

Un'automobile in movimento è soggetta alla resistenza dell'aria che attraversa e all'attrito tra il manto stradale e gli pneumatici. Se gli pneumatici e la strada fossero perfettamente lisci l'attrito sarebbe minore. Ma l'attrito è utile, perché permette all'automobile la tenuta di strada. Ruote lisce su una strada ghiacciata hanno poco attrito e sono particolarmente pericolose. Perciò abbiamo bisogno dell'attrito, anche se significa che l'automobile deve "lavorare" di più e quindi ha bisogno di più carburante. Anche tra le diverse parti del motore che sono in contatto tra loro c'è un attrito, che riduciamo lubrificando le parti con olio e grasso. Tenere l'auto ben oliata riduce l'attrito, riducendo così la quantità di energia usata. Questo riduce a sua volta la quantità di carburante consumata per percorrere la stessa distanza.

Prova a immaginare per un momento di non doverti preoccupare dell'attrito, che la tua auto possa scivolare lungo la strada come un'astronave attraverso lo spazio. Una volta che l'automobile è in movimento non c'è niente a fermarla, così non ha bisogno di carburante per viaggiare. Il carburante serve soltanto per farle raggiungere la velocità desiderata, il che ci riporta alla seconda legge del moto:

$$F = m \times a$$

È chiaro che maggiore è la velocità alla quale viaggi, più carburante consumerai, semplicemente perché la forza aumenta con l'accelerazione. Una volta raggiunta la velocità desiderata (in questo mondo ideale, privo di attrito) non c'è più bisogno di carburante per continuare.

VELE FOTONICHE

Rimuovendo l'attrito dall'equazione è possibile dimostrare (almeno in teoria) la prima legge del moto di Newton attraverso le vele fotoniche. L'idea è che una nave spaziale, come uno yacht, può avere una vela. Quando i fotoni della luce solare (o di un'altra stella) colpiscono la vela, agiscono come vento facendo muovere l'astronave. Poiché non c'è niente a fermarla anche la pressione più leggera esercitata dai fotoni è sufficiente a farla muovere.

Invece, nel nostro mondo imperfetto e pieno di attrito abbiamo bisogno di bruciare carburante per arrivare alla velocità desiderata, e poi usare altro carburante per continuare a muoverci, battendoci contro l'attrito della strada, con quello all'interno del motore, e con la resistenza dell'aria. Per questo motivo il calcolo diventa complicato.

L'efficienza di movimento all'interno del motore è fondamentale. La velocità di guida più economica non è veramente una velocità quanto uno stato del motore. Per la maggioranza delle automobili, si ottiene la guida meno dispendiosa cambiando marcia quando i giri del motore raggiungono i 2500 per i motori a benzina (2000 per quelli diesel). È anche importante accelerare e rallentare gradualmente: mandare il motore su di giri brucia molto carburante, sia quando accelerare improvvisamente o quando utilizzate una marcia troppo bassa.

COSÌ LA VELOCITÀ PERFETTA È...

L'efficienza del carburante cala rapidamente a basse velocità e a velocità molto elevate. In generale, la velocità di crociera più economica è intorno a 90 km/h. Uno studio della rivista *What Car?* mostra che a una velocità di 140 km/h si consuma fino al 25% di carburante in più che viaggiando a 110 km/h. A velocità elevate l'attrito con l'aria aumenta rapidamente, perciò l'automobile ha bisogno di più carburante per mantenere la velocità.

La potenza necessaria per spingere un oggetto attraverso un fluido (aria inclusa) è proporzionale al cubo della velocità: se raddoppi la velocità, la forza necessaria per superare la resistenza dell'aria aumenta di otto volte (2^3). Raddoppiare la velocità significa anche dimezzare il tempo di percorrenza. La potenza è il tasso di lavoro, così la potenza totale dipende dal tempo. Perciò, raddoppiare la velocità aumenta di otto

Velocità e consumi

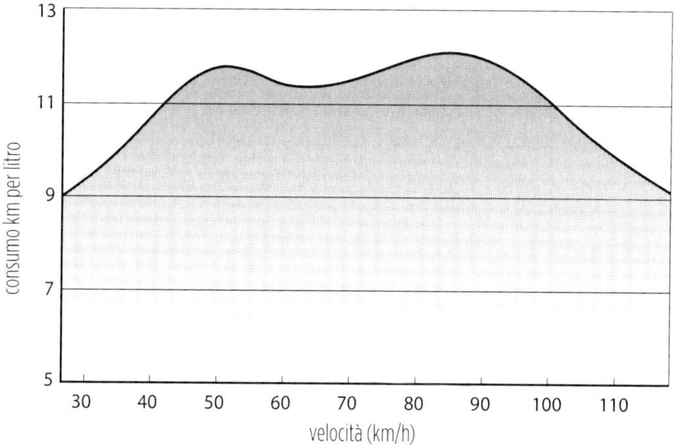

volte il lavoro necessario per superare l'attrito dell'aria, ma riduce il tempo della metà, così la potenza totale necessaria aumenta di quattro volte. Se prendessimo esclusivamente in considerazione l'attrito con l'aria, viaggiando a 160 km/h si consumerebbe il doppio del carburante impiegato viaggiando a 80 km/h.

CI SI PUÒ FIDARE DEI PRODUTTORI?

In una parola: no. I dati ufficiali del consumo di carburante sono basati su test che non prevedono la condotta dell'automobile in condizioni normali su una vera strada. Il collaudo su strada non include la condotta su superfici in cattivo stato, sterzare per schivare degli ostacoli o frenare improvvisamente per evitare un impatto, ma una prudente scampagnata su un circuito sgombro a velocità ridotta, con accelerazioni e frenate delicate.

Nel 2014 test condotti su 500 automobili hanno mostrato che il consumo di carburante era di molto superiore a quello pubblicizzato dai produttori. Questo non sorprenderà chi si è trovato deluso dal consumo di carburante dell'automobile appena acquistata. Quello che è forse più sorprendente è che il consumo di carburante è maggiore nelle auto più piccole.

Come si può vedere nella tabella sottostante, in termini di reale risparmio di carburante è meglio guidare un'automobile con un motore da 1-2 litri di cilindrata rispetto a uno da meno di 1 litro o superiore a 2.

	Consumo		
cilindrata	**dichiarato km/litro**	**reale km/litro**	**differenza %**
Fino a un litro	21,1	13,5	36%
1-2 litri	20,6	16,3	21%
2-3 litri	18,5	15,7	15%

I SUPER-CARBURANTI SONO DAVVERO COSÌ SUPER?

Il carburante è caratterizzato da un valore chiamato *numero di ottano di ricerca* (RON), relativo a quanto un carburante può essere compresso prima di accendersi. Una benzina verde senza piombo ha un RON di 95, e la benzina super+ senza piombo ha un RON di 98. Esistono carburanti di alta gamma con un RON di 102. In teoria, maggiore è il RON maggiore è l'energia che l'automobile può ottenere dalla stessa quantità di carburante, che si traduce in un minor consumo o velocità più elevata. In realtà, con la maggior parte delle automobili è difficile riuscire a ottenere una performance così superiore da giustificare il sovrapprezzo.

COME RIDURRE IL CONSUMO DI CARBURANTE

Per risparmiare carburante, e quindi soldi e la salute del pianeta, ci sono vari modi per ridurre il lavoro che la tua automobile deve svolgere:

- *Ridurre il peso*: nell'equazione **F=*m* x a**, il valore *m* è la massa; a un aumento di massa corrisponde un aumento della forza necessaria per muovere la macchina. Non trasportare quindi pesi di cui non hai bisogno e non tenere la macchina ingombra di cose che non ti servono (per esempio se non stai viaggiando con un bambino non prendere il suo passeggino; se non è inverno non trasportare una pala da neve).
- *Ridurre l'attrito*: rimuovi gli oggetti sporgenti che rendono la tua auto meno aerodinamica. Perciò, se non ne hai bisogno, non tenere sul tetto il portabagagli o il portabici.
- *Tenere l'auto efficiente*: falla controllare spesso perché funzioni il meglio possibile (fai che le ruote siano sempre gonfie e che il motore sia ben oliato così da ridurre il lavoro che deve svolgere per far muovere il tutto).
- Se fa caldo *spegnere l'aria condizionata* e aprire i finestrini, almeno quando si viaggia a velocità contenuta. Ad alta velocità invece la maggiore resistenza creata da un finestrino aperto ne annulla il beneficio, quindi tanto vale accendere l'aria condizionata.

I carburanti super senza piombo fanno la differenza soprattutto nelle automobili veloci guidate in maniera sportiva. I motori turbo e sovralimentati operano a temperature e pressioni più elevate rispetto ai motori normali, e sfruttano al meglio l'indice di ottani più elevato. Sono anche più suscettibili a "detonazioni" causate dalla preaccensione del carburante incombusto al momento sbagliato, cosa che può potenzialmente danneggiare le componenti del motore. I carburanti con un alto indice di ottani sono meno propensi a scatenare detonazioni, e possono perciò proteggere un motore sovralimentato.

A conti fatti, se hai un'automobile potente e di alta qualità con un motore sovralimentato, potrebbe convenirti usare un super-carburanti. Se la usi per fare un giretto, o se la maggior parte dei tuoi spostamenti sono brevi e in zone trafficate i super carburanti sarebbero solo uno spreco di soldi. Se vuoi provarli, riempi il serbatoio e prendi nota del chilometraggio che ti assicurano (meglio se lo fai due o tre volte per avere una media) e poi confrontalo col tuo normale consumo.

CAPITOLO 19

PERCHÉ TROVIAMO CONCHIGLIE FOSSILI SULLE MONTAGNE?

FOSSILI DI CREATURE MARINE SONO A VOLTE RINVENUTI IN LUOGHI MOLTO DISTANTI DALL'OCEANO.

UN'ABBONDANZA DI FOSSILI

Circa il 99,9% di tutte le specie mai vissute sono adesso estinte. Di queste, solo una piccolissima parte si è fossilizzata, ma si tratta comunque di un'enorme quantità di fossili. La maggior parte dei fossili non proviene da creature enormi e imponenti come i dinosauri; sono invece piccoli – persino microscopici – fossili di piante, creature marine, insetti e via dicendo. Anche se esistono dei grandi depositi dove si trovano fossili spettacolari, sono molto più comuni giacimenti più piccoli e i fossili isolati.

LA DERIVA DEI CONTINENTI

Piante e animali sono cambiati col tempo, così come la terra, il mare e il clima. È possibile trovare fossili di creature marine nel profondo entroterra perché le zone che abitavano tanto tempo fa, sulla costa o sul fondo del mare, non sono più dove erano una volta.

Nel 1620, sir Francis Bacon notò che la costa dell'Africa Occidentale si poteva incastrare quasi perfettamente con la costa Atlantica del Nord e Sud America. Era il primo indizio che la posizione delle terre emerse non fosse immutata da sempre. La prima persona ad avanzare l'idea che le masse continentali fossero in movimento fu il meteorologo e geofisico tedesco Alfred Wegener (1880-1930) nel 1912. A sostegno della sua tesi indicò l'esistenza di strati rocciosi identici in Africa del Sud e nel Sud-Est del Brasile e il ritrovamento di fossili di mesosauro in entrambi i continenti. Un ulteriore indizio era la presenza di carbone in Gran Bretagna e in Antartico. Il carbone si forma dagli alberi morti, ma soltanto in condizioni climatiche caldo-umide. Né l'Antartico né la Gran Bretagna presentano al giorno d'oggi le condizioni necessarie alla formazione di carbone.

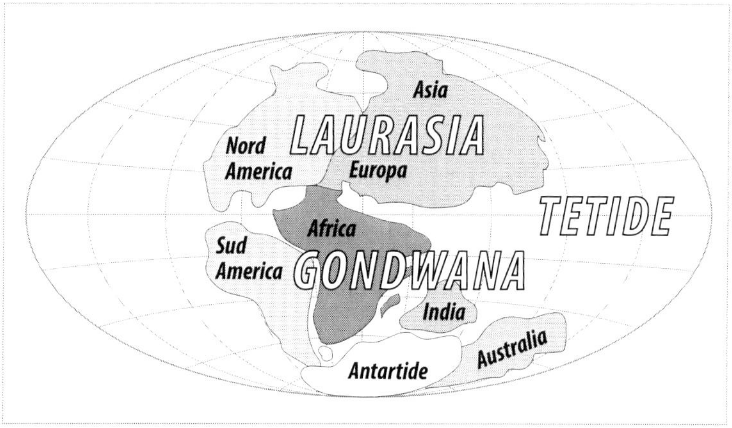

La distribuzione delle grandi masse continentali 200 milioni di anni fa.

Le possibilità erano due: o in queste due zone il clima era stato una volta molto diverso, o le masse di terra, prima di spostarsi, erano state una volta molto più vicine all'equatore. Per Wegener, salvo una modifica dell'orbita terrestre intorno al Sole, era impossibile che l'Antartico fosse mai stato abbastanza caldo per la formazione di carbone, così la spiegazione doveva essere che le terre emerse si erano spostate. Nonostante avesse presentato una notevole quantità di prove a supporto dell'idea che le terre si fossero spostate nel corso della lunga storia del pianeta, Wegener non sapeva dire come fosse successo. Così, quando fu proposta per la prima volta, questa idea andò incontro alla forte resistenza della maggioranza dei geologi. Però, nel corso del XX secolo, ulteriori scoperte finirono per condurre alla formulazione della teoria della tettonica a placche.

La Terra ha una sottile crosta rocciosa poggiata su strati più spessi di roccia semi-fusa, il magma. Delle correnti convettive scatenate dal riscaldamento irregolare irradiato dal nucleo terrestre fanno muovere il magma, trascinando con sé la crosta. La crosta è divisa in sette vaste sezioni, dette placche, e molte altre di dimensione più piccola. I confini tra le placche sono luoghi importanti per la geologia della Terra.

NUOVA ROCCIA PER LA VECCHIA

In alcuni luoghi le placche si allontanano lentamente, per azione del magma che provenendo dalle profondità della terra si fa largo attraverso lo spazio che le separa, e indurisce formando nuova roccia. Questo avviene lungo le dorsali oceaniche, per esempio sotto l'Oceano Atlantico. La nuova roccia spesso dà vita a catene montuose sommerse (la "dorsale") percorse da una spaccatura nel mezzo. La spaccatura è la parte produttiva, da dove il magma fuoriesce. Questo è ciò che scatena l'attività vulcanica in Islanda e altri luoghi, dove il magma che erutta da vulcani sommersi porta alla formazione di nuove isole. L'Islanda è posizionata alla fine della dorsale Atlantica. Quando il magma che emerge separa e allontana le placche, queste si spostano e si scontrano contro le placche che supportano le terre emerse.

In altri punti due placche continentali possono semplicemente scivolare una a fianco all'altra. In quei punti l'attività sismica è intensa, perché quando il movimento delle due placche è intralciato, si accumula una pressione improvvisamente rilasciata quando scattano in una nuova posizione. Questo scatto repentino causa un terremoto. La faglia di Sant'Andrea in America del Nord è un esempio di una faglia trasforme in cui le placche sfregano l'una contro l'altra provocando dei terremoti.

In altri casi il margine della placca oceanica che include il fondale marino scivola lungo una zona di subduzione sotto una placca continentale che sorregge la terra emersa.

Il fondale marino contiene molta acqua di mare che, spinta in profondità fino alla roccia fusa sottostante, riduce il punto di fusione della placca. La roccia del fondale marino si liquefà, creando del magma che sale attraverso dei passaggi nella roccia continentale sovrastante, dando vita a dei vulcani.

Vulcani e terremoti sono frequenti in luoghi come la costa occidentale del Sud America, che sono vicini a zone di subduzione dove placche oceaniche e continentali sono a contatto tra loro.

Tre tipi di faglia

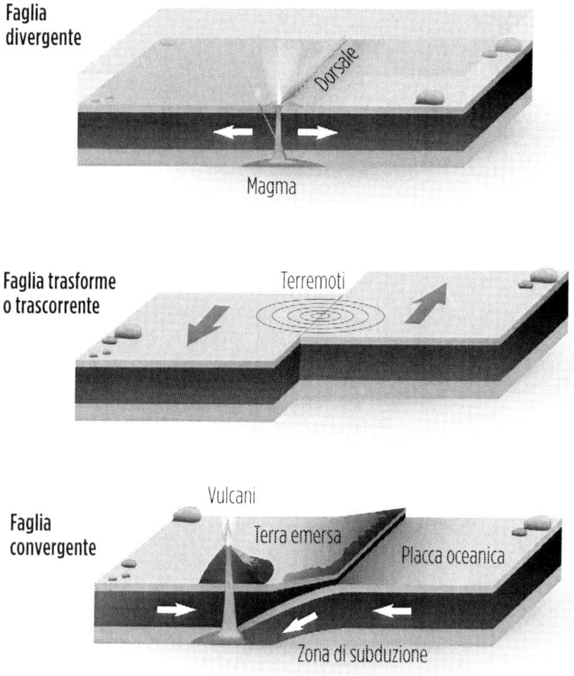

COME SI FORMANO I FOSSILI

Esistono diversi tipi di fossili. I più famosi, come gli imponenti scheletri dei dinosauri che andiamo ad ammirare nei musei, si formano quando le parti dure di animali o piante morte si trasformano lentamente in pietra grazie a un lungo processo di scambio chimico. Perché questo accada servono delle condizioni precise. Più raramente succede che anche delle parti non ossee (come la pelle squamosa) possano fossilizzarsi.

Quando la pianta o l'animale sono assenti e ne rimane soltanto il calco, abbiamo una traccia fossile. Le tracce fossili, solitamente fatte di fango o sedimento che si sono poi trasformati in pietra, includono impronte, segni di trascinamento di coda, o cavità fatte da vermi o altri animali scavatori.

I campi di reperti fossili sono in genere il risultato di un disastro, come per esempio un'improvvisa colata di fango che ricopre rapidamente un gran numero di piante e animali. Compressi e nascosti sotto il fango, così da non poter essere mangiati da altri animali, dispersi o calpestati, finiscono per fossilizzarsi nel corso di migliaia o milioni di anni.

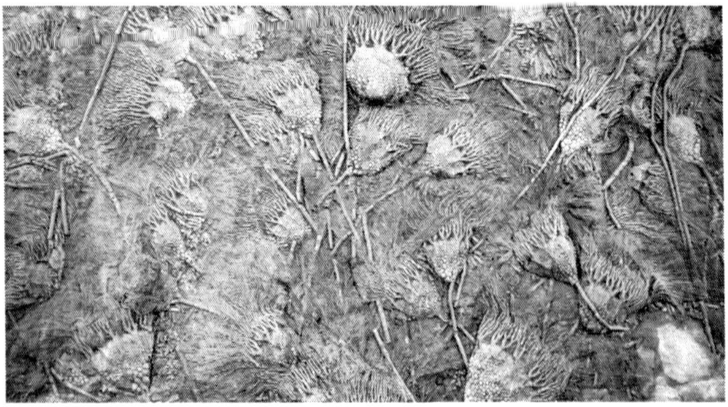

Creature marine preistoriche fossilizzate nella roccia.

LA FORMAZIONE DI MONTAGNE

Quando due placche continentali si incontrano, la pressione tra i loro margini li spinge verso l'alto formando delle catene montuose. I bordi delle placche, che erano un tempo zone costiere, si trovano circondati dalle terre quando le placche collidono. La catena dell'Himalaya si è formata quando la placca tettonica sulla quale poggia l'India ha esercitato una lenta pressione sulla placca del continente asiatico. Questa pressione continua tutt'ora, così l'Himalaya cresce in altezza ogni anno.

Oltre a crescere, le montagne subiscono l'azione erosiva del vento e della pioggia. Se la loro erosione è più lenta del ritmo al quale la roccia è spinta verso l'alto, esse continuano a crescere. Se invece l'erosione è più rapida della crescita, le montagne gradualmente si consumano. Quando le montagne smettono di crescere cominciano a diminuire di dimensione sotto l'effetto dell'erosione dovuta a vento e pioggia.

Il movimento delle placche tettoniche spiega come sia possibile trovare fossili di creature marine in cima a montagne come quelle dell'Himalaya. Dopo milioni di anni, la terra che un tempo era la spiaggia di un'isola può ritrovarsi nel mezzo di una catena montuosa. La roccia che adesso è parte del monte Everest era un tempo la costa dell'Asia e dell'isola che era l'India. La roccia, adesso così lontana dalla costa, ha portato con sé nel suo movimento verticale i fossili delle creature marine.

LAVORI IN CORSO

Le placche non hanno smesso di muoversi né lo faranno presto, anche se stanno rallentando a causa del raffreddamento della Terra. Si muovono ancora a un ritmo di qualche centimetro l'anno, ma la velocità esatta è oggetto di dibattito.

Sembra che le placche che si muovono nell'Atlantico lo facciano a un ritmo annuale di circa 1 cm all'anno, allontanando l'Europa dal Nord America e aumentando la superficie dell'Oceano Atlantico di 2 cm ogni anno. Tra un milione di anni l'Oceano Atlantico sarà più grande di 20 km. In altri luoghi il movimento potrebbe essere di 5-10 cm l'anno.

Se potessimo viaggiare nel futuro di qualche centinaio di milioni di anni potremmo osservare che l'Oceano Pacifico si è richiuso, mentre l'Atlantico si è diventato molto più vasto. I fossili dei pesci che muoiono sulla costa asiatica del Pacifico, e le creature che vivono presso le spiagge della California potrebbero un giorno incontrarsi ad alta quota, alla sommità di una nuova catena montuosa, che forse farà da cerniera tra la costa est della Cina e la costa ovest dell'America del Nord.

CAPITOLO 20

LE PIANTE POSSONO PROVARE DOLORE?

SI SA CHE GLI ANIMALI POSSO PROVARE DOLORE. E SE SCOPRISSIMO CHE ANCHE LE PIANTE POSSONO SOFFRIRE?

PIÙ DI QUANTO SEMBRI

Le piante rappresentano una grande parte della biomassa del mondo, eppure sappiamo sorprendentemente poco di come funzionano. Ciò che da alcuni anni appare sempre più evidente è che siano molto più complesse di quello che pensavamo. Poiché sono immobili e le loro reazioni sono in generale molto lente (si manifestano attraverso variazioni nel loro ritmo di crescita), le loro vite passano perlopiù inosservate.

IL "GRIDO" DI ETILENE

Nel 2002 dei ricercatori di Bonn, in Germania, annunciarono un esperimento che a detta degli organi di informazione dimostrava che le piante gridano o gemono quando sono danneggiate o malate. Detta così, sembra una scoperta sensazionale, come se le piante potessero davvero "sentire" dolore come noi, sotto forma di una sensazione sgradevole. Il "grido" delle piante era colto grazie a un microfono laser. Dire che le piante gridano è però un po' fuorviante.

Le piante, quando sono danneggiate, emettono una grande quantità di gas etilene. I ricercatori a Bonn isolarono l'etilene e lo bombardarono con un laser infrarosso, facendo vibrare le molecole. Il raggio laser era interrotto 2.000 volte al secondo, facendo un ritmo ad alta frequenza. Stimolate dal raggio laser, le molecole di etilene emettevano una minuscola quantità di energia che era intrappolata e rilasciata attraverso un tubo di risonanza, dal quale uscivano sotto forma di suono. I ricercatori registrarono quel suono. Scoprirono che maggiore è lo stress al quale la pianta è sottoposta più forte sarà il suo "grido", ma questo è solo indicativo della quantità di etilene che rilascia.

L'etilene rilasciato viene convertito nel suono di un grido dall'apparecchiatura usata per l'esperimento. Si poteva tranquillamente convertirlo in un lampo di luce o uno scoppio di calore. Dalle piante sane, invece, si ottiene con lo stesso equipaggiamento un suono gorgogliante, perché producono etilene in maniera più misurata. La domanda del perché le piante producano grandi quantità di etilene quando sono danneggiate rimane senza risposta. È possibile che l'etilene serva a far desistere le creature (insetti o animali erbivori) che vogliono mangiare la pianta. O forse è un segnale di allarme indirizzato ad altre piante. Questo può apparire improbabile, ma le capacità comunicative delle piante sono molto superiori a quello che immaginiamo. Se le piante "parlano", lo fanno grazie a sostanze chimiche. Il grido di etilene non è che l'esempio più visibile del sistema di segnalazione chimica e di comunicazione delle piante.

AHI!

Prima di proseguire, vale la pena fermarsi a pensare in che cosa consista davvero "sentire" il dolore. Se tocchi qualcosa di caldo, nel tuo corpo succedono due cose: sensori nella tua pelle chiamati nocicettori rilevano lo stimolo (chiamato nocicezione) che indica un danno al tuo corpo, e inviano un messaggio al tuo sistema nervoso centrale (midollo spinale e cervello). La prima cosa che succede è un'immediata azione di riflesso che ti fa ritrarre dall'oggetto caldo. Non c'è bisogno di pensarci, e il segnale non deve neppure giungere al cervello, può essere elaborato nella colonna vertebrale in un "arco riflesso spinale". Il sistema nervoso centrale risponde a sua volta mandando un segnale ai muscoli del braccio per ritrarre la mano dal calore e proteggerti da un ulteriore danno.

Quasi allo stesso tempo, il tuo cervello riceve i segnali provenienti da tutti i nervi presenti nell'area interessata e li raccoglie, determinando l'entità del danno e del dolore. È a questo punto che sentiamo di esserci fatti male e percepiamo il dolore. Questo processo è un po' più lento dell'azione di riflesso difensivo. Avrai notato che c'è un momento dopo esserti fatto male che precede la sensazione del dolore; questo intervallo corrisponde al tempo che il tuo cervello impiega ad elaborare le informazioni. Il dolore è parte fondamentale del processo di apprendimento. Ti insegna ad evitare quella stessa situazione in futuro.

Una grande varietà di animali è capace di nocicezione, dalle tigri alle lumache di mare. La sensazione di dolore, tuttavia, è gestita dalla parte esterna del cervello, detta corteccia. Questa parte è estremamente sviluppata negli esseri umani. È meno sviluppata in altri mammiferi, ed è ancora più piccola (in proporzione alle dimensioni del cervello) in uccelli, rettili e anfibi, mentre la più piccola si trova nei pesci. Gli invertebrati non hanno una corteccia perché il loro cervello ha una struttura diversa rispetto a quello dei vertebrati. Ma non possiamo escludere che la loro percezione del dolore passi da un meccanismo diverso.

Le piante non hanno un sistema nervoso centrale né alcun ricettore del dolore. Come fanno allora a percepire un danno e a reagire? Anche se le piante non sono capaci di provare dolore come noi, sono molto più sofisticate di quanto sembri.

RUMORE VEGETALE

La ricerca sul "grido" di etilene trova una concreta applicazione nell'agricoltura e nella distribuzione. I "suoni" di frutta, verdure e piante possono indicare se sono sani o meno, rivelando la presenza di un problema prima che sia visibile. Questo tipo di informazione è utile per gli agricoltori, orticoltori e rivenditori al dettaglio. Il suono dei cetrioli, per esempio, ha rivelato la presenza di muffa prima che questa fosse visibile.

LA PIANTA "PERCEPISCE"

Le piante sono molto diverse dagli animali. Il loro comportamento non è facile da interpretare come quello degli animali, non emettono suoni (che possiamo ascoltare) e normalmente rimangono dove sono. Ma questo non vuol dire che non facciano nulla: reagiscono agli stimoli esterni, in verità, a una maggiore varietà di stimoli rispetto a noi.

Gli esseri umani hanno cinque sensi di base (vista, udito, gusto, odorato e tatto), ma le piante ne hanno molti di più se misuriamo il senso in base alla capacità di percepire e reagire agli stimoli. Le piante reagiscono a calore, luce, gravità, acqua, struttura del terreno, sostanze nutritive, tossine, microbi, animali predatori e insetti, e ai segnali chimici rilasciati da altre piante. L'arabetta comune (*Arabidopsis thaliana*) può reagire a un campo magnetico, e i giovani pioppi "sanno" se sono ben dritti o inclinati. Le piante si sono anche dimostrate capaci di rispondere al tatto e ai suoni.

Nelle piante, questi meccanismi di rilevamento sono chiamati "tropismi" invece che sensi. Le piante sono fototropiche: crescono rivolte verso la luce. Sono anche geotropiche: le radici crescono verso il suolo e i germogli in direzione opposta, sfidando la gravità. Studiare le reazioni delle piante vuole dire in generale misurare cambiamenti chimici, individuare segnali elettrici e osservare reazioni più lente, come i loro modelli di sviluppo.

Le piante sono capaci di alcuni comportamenti davvero straordinari. Uno studio ha scoperto che le radici di una pianta possono crescere in direzione di una tubatura sotterranea dell'acqua anche se la parte esterna della tubatura è perfettamente asciutta. Le radici che si avvicinano a un ostacolo insormontabile, come il cemento, deviano la loro traiettoria prima di raggiungerlo. Evitano inoltre le tossine e le radici di piante concorrenti crescendo lontano da loro.

Recentemente sono stati condotti degli esperimenti sulle piante che hanno portato a delle scoperte ancora più sorprendenti del grido d'etilene.

La ricercatrice australiana Monica Gagliano ha effettuato un esperimento con la mimosa pudica, pianta che, se disturbata, contrae rapidamente le foglie. La studiosa ha fatto cadere le piante 60 volte a intervalli di 5 secondi, da un'altezza di 15 cm, afferrandole ogni volta al volo senza che si danneggiassero. Dopo cinque o sei volte, la maggior parte delle piante smise di contrarre le foglie, avendo apparentemente "deciso" che le cadute non erano pericolose. Alla fine delle 60 cadute tutte le piante tenevano le foglie completamente aperte. Sarebbe forse eccessivo dire che le piante hanno "imparato" che la caduta fosse innocua, perché significherebbe attribuire loro delle caratteristiche umane. Per essere sicura che la loro capacità di reazione fosse ancora attiva, Gagliano scosse le piante. A questo nuovo stimolo reagirono contraendo le foglie, quindi erano chiaramente ancora capaci di questa reazione. Gagliano ripeté l'esperimento sulle stesse piante tutte le settimane e scoprì che potevano ricordare la lezione (cioè, non reagivano a una caduta) per almeno quattro settimane. Sottoponendo allo stesso esperimento degli insetti, che hanno una capacità di attenzione di molto inferiore, trovò che dopo un paio di giorni dimenticavano la lezione.

COMPORTAMENTO COLLABORATIVO

Sembra che le piante abbiano anche la capacità di riconoscere i legami familiari. Quando piante di ravastrello (*Cakile maritima*) legate da una stretta parentela furono messe nello stesso vaso, condividevano equamente le risorse. Invece, in circostanze simili, le piante tendono a competere tra loro.

PIANTE CARNIVORE

Prove ulteriori che le piante elaborano le informazioni in un modo che non capiamo del tutto ci vengono dallo strano mondo delle piante carnivore. Queste traggono parte del loro nutrimento dal consumo di piccoli organismi. Vivono di solito in ambienti poveri di azoto, perciò gli insetti e i piccoli animali che intrappolano e digeriscono servono a compensare le sostanze nutritive mancanti. Ci sono tanti tipi di piante carnivore, ma la più affascinante è la Venere acchiappamosche (*Dionaea muscipula*), perché è in grado di muoversi. Le sue foglie, adattate a formare delle "trappole", hanno minuscoli peli sensibili che reagiscono se un insetto entra in contatto con essi. A quel punto la trappola si richiude e la pianta secerne degli enzimi della digestione che uccidono e dissolvono l'insetto, e assorbe così le sostanze nutritive. La pianta si richiude solo se due peli sensori sono toccati nell'arco di 20 secondi. Anche in quel caso, all'inizio si chiuderà solo parzialmente. Si chiuderà completamente e comincerà il processo digestivo solo se l'oggetto in trappola continua a toccare i peli sensori. Questo evita alla pianta di sprecare energie per digerire un frammento di detrito che vi è caduto per caso, o una matita introdotta da una persona curiosa per testarne la reazione. Dà inoltre agli insetti più piccoli l'opportunità di scappare: il loro apporto nutritivo sarebbe troppo limitato per giustificare lo sforzo necessario per la digestione.

Come che funziona la trappola? Secondo Alexander Volkov, professore di chimica alla Oakwood University, in Alabama, essa è formata da due lobi di un'unica foglia attraversata da un cardine al proprio centro. I peli sono dei meccanocettori che

"Le piante dispongono di segnalazione elettrica sia a breve che a lungo termine, e usano alcune sostanze chimiche simili ai neurotrasmettitori come segnali chimici. Ma i meccanismi sono molto diversi da quelli dei sistemi nervosi veri e propri."

Lincoln Taiz, professore emerito di fisiologia vegetale dell'Università della California, Santa Cruz.

convertono l'energia meccanica in energia elettrica. Quando un insetto sfiora i peli scatena una carica elettrica che apre dei pori specializzati situati nello strato più esterno delle cellule della trappola, permettendo all'acqua di fluire dalle cellule situate all'interno dei lobi verso quelle all'esterno. Questo cambiamento nella pressione delle cellule fa sì che i lobi si chiudano repentinamente da entrambi i lati del cardine. Ma come fa a misurare i 20 secondi nei quali "ricorda" di essere stata toccata una volta? Non si sa. Ecco una pianta che ha un modo di immagazzinare delle informazioni anche se priva di un sistema nervoso o una muscolatura di tipo animale.

SERVIRSI DEL DOLORE

Il dolore serve agli animali come segnale per evitare le situazioni pericolose. Ma se un organismo non è in grado di battere in ritirata, che se ne fa del dolore?

La reazione delle piante a un danno inflitto può servire a proteggere la pianta danneggiata e persino le altre piante che si trovano nelle immediate vicinanze. Le piante rilasciano dei segnali chimici in reazione ad alcuni stimoli; questi segnali sono trasportati dall'aria e ricevuti da altre piante, che a loro volta rispondono. Quando una pianta è attaccata da insetti o da animali al pascolo, rilascia un segnale chimico che induce le piante vicine a produrre sostanze chimiche che le rendono poco invitanti o addirittura velenose.

Le piante di pomodoro, per esempio, quando sono danneggiate producono una sostanza chimica, il metil jasmonato. Questa dissuade gli insetti che si nutrono della pianta, ed è rilevata da altre piante, che a loro volta innescano i meccanismi di difesa cambiando la propria composizione chimica per produrre una protezione. Questo straordinario sistema di difesa cooperativa funziona anche tra specie di piante diverse.

Tante piante producono sostanze chimiche tossiche o repellenti quando sono attaccate, ma alcune attivano le proprie difese anche quando un insetto depone le uova sulle loro foglie, anticipando così l'arrivo di bruchi voraci. Alcune piante sono capaci di distinguere un danno meccanico (come quello causato dal taglio di un coltello) dall'attacco di animali erbivori, reagendo alle sostanze chimiche presenti nella saliva.

LAVORARE INSIEME

I segnali chimici non viaggiano solo attraverso l'aria, ma anche attraverso il terreno. Gli alberi in una foresta sono connessi tra loro da un'enorme rete sotterranea di funghi che cresce dentro e intorno alle loro radici. Alcuni biologi l'hanno battezzata *wood-wide-web.* Attraverso i funghi, gli alberi scambiano segnali chimici e informazioni. Ma condividono anche sostanze nutritive, perfino tra specie diverse.

Alcuni studi condotti in Canada hanno evidenziato che gli alberi più grandi aiutano quelli più piccoli (che essendo sovrastati sono meno capaci di svolgere la fotosintesi) trasmettendo sostanze nutritive come il carbonio. Con un esperimento che consisteva nell'iniettare nelle conifere del carbonio marcato radioattivamente, si scoprì che il carbonio si diffondeva rapidamente fra tutti gli alberi della zona. Si scoprì che le conifere sempreverdi aiutavano le betulle, decidue, rifornendole di sostanze nutritive durante l'inverno quando non potevano svolgere la fotosintesi, e prendendo da loro il carbonio (sotto forma di glucosio) durante l'estate. Gli alberi morenti si liberano addirittura del loro carbonio così che sia trasportato dai funghi verso altri alberi in buona salute.

La ricerca sulle piante di pomodoro e di fagiolo ha scoperto che quelle cui è permesso di condividere funghi radicali (fungine micorriziche) trasmettono anche informazioni se subiscono attacchi, allertando le altre piante perché si difendano. Quando una di due piante di pomodoro collegate fu infettata dalla ruggine, l'altra sviluppò una resistenza contro di essa. E quando una di due piante di fagiolo collegate dai funghi fu attaccata dagli afidi, la seconda aumentò la produzione di sostanze chimiche deterrenti.

ADATTAMENTO

Secondo uno studio, facendo "ascoltare" a una pianta la registrazione del suono di bruchi che mangiano le foglie di una pianta della stessa specie, questa innescava la produzione di sostanze che respingono i bruchi.

"DARK WEB" E PIANTE INTELLIGENTI

Questa "rete" può essere anche usata a fini malvagi: alcune piante rubano ai loro vicini. L'orchidea fantasma (*Dendrophylax lindenii*) è priva di parti verdi e non può svolgere la fotosintesi, ma grazie alla rete fungina sottrae agli alberi vicini il carbonio di cui ha bisogno. Altre piante si macchiano di crimini peggiori: la calendula e il noce nero producono tossine che possono essere trasportate dai funghi per avvelenare altre piante che potrebbero voler occupare lo stesso spazio e quindi competere per avere acqua, sostanze nutritive e luce solare.

Così, le piante raccolgono informazioni sull'ambiente che le circonda e reagiscono a esso in un modo che sorprendentemente appare dettato da una "scelta". Ma le piante non raccolgono, analizzano e comunicano informazioni come gli animali. Nemmeno i più entusiasti dei neurobiologi vegetali vanno in cerca di nervi e cervelli nelle piante.

La "scelta" in questione è mediata a livello biochimico (come le nostre scelte, anche se non ci piace ammetterlo).

La biochimica del nostro cervello è intricata quanto i meccanismi sensoriali delle piante. Un'ipotesi è che l'"intelligenza" delle piante sia simile all'intelligenza alveare, o dello sciame, mostrata da insetti sociali come le formiche.

Un cervello non avrebbe alcuna utilità per una pianta. Al contrario, poiché le piante sono spesso danneggiate, per loro un cervello rappresenterebbe uno svantaggio. Le piante hanno una struttura modulare, con radici, foglie, fiori e rami ripetuti secondo lo stesso schema. Per questo motivo una pianta può perdere fino al 90% del suo corpo e riuscire comunque a rigenerarsi: non ci sono organi vitali che rischiano di perdersi. La presenza di un cervello suscettibile di essere mangiato da una formica o da un'antilope ridurrebbe le probabilità di sopravvivenza della pianta.

Benché prive di cellule nervose, le piante producono neurotrasmettitori come dopamina e serotonina, sostanze chimiche che negli animali sono impiegate per mandare dei segnali. Non conosciamo lo scopo o il funzionamento dei neurotrasmettitori nelle piante. Nel XIX secolo si è scoperto che le piante possono anche reagire agli anestetici: esporle all'etere (un anestetico usato all'epoca) impedisce loro di svolgere la fotosintesi, interrompe la germinazione dei semi e impedisce alle foglie di mimosa di contrarsi quando sono toccate. Non si capisce ancora appieno in che modo gli anestetici agiscano sulle piante.

LA RETE SOTTERRANEA

Nel film *Avatar* (2009), le piante del pianeta alieno comunicano tra loro grazie alle radici degli alberi. La situazione sulla Terra non è molto dissimile, con una rete sotterranea di funghi che permette a tanti tipi di piante, dagli alberi all'erba, di comunicare attraverso la trasmissione di sostanze chimiche.

TELEPATIA DELLE PIANTE

Nel 1966, Cleve Backster, un esperto del poligrafo della CIA, collegò la "macchina della verità" a una pianta nel suo ufficio. Disse di aver scoperto che se immaginava di dare fuoco alla pianta, questa produceva un aumento di attività elettrica che era rilevata dallo strumento. Sembrava che le piante non solo fossero capaci di provare paura, ma anche di leggere nel pensiero. Backster proseguì i suoi esperimenti con altre piante, tra cui le lattughe e frutta e verdure raccolte, come cipolle, arance e banane. Disse che le piante reagivano ai pensieri delle persone nelle vicinanze e, nel caso di persone con le quali avevano una qualche familiarità, anche a distanza.

Backster sostenne addirittura di aver fatto sì che una pianta indicasse un criminale in un confronto all'americana. La pianta era stata testimone dell'omicidio di un'altra pianta (era stata calpestata) e segnalò l'omicida tra le persone in fila, producendo un aumento di elettricità quando il colpevole apparve. Le piante reagivano inoltre alla violenza perpetrata contro altri tipi di organismi, producendo una risposta di stress quando dei gamberetti vivi erano immersi nell'acqua bollente o un uovo veniva rotto in loro presenza. La storia delle piante telepatiche di Backster comparve in un libro di successo pubblicato nel 1973, *La vita segreta delle piante*, di Peter Tompkins e Christopher Bird. L'impatto di questa esperienza perdura ancora, e c'è chi parla alle proprie piante o fa loro ascoltare musica classica sostenendo che faccia bene alla loro salute.

Altri studiosi non sono riusciti a ottenere col poligrafo gli stessi risultati di Backster. La maggior parte degli scienziati delle piante erano furiosi per il danno inflitto alla reputazione del loro lavoro dalle affermazioni esagerate del libro, mentre alcuni si lamentarono che la ricerca sulle reazioni delle piante (chiamata provocatoriamente "neurobiologia vegetale") non fosse presa sul serio.

CAPITOLO 21

VEDIAMO TUTTI GLI STESSI COLORI?

SIAMO TUTTI D'ACCORDO NEL DIRE CHE L'ERBA È VERDE E CHE IL CIELO È BLU, MA VEDIAMO DAVVERO I COLORI ALLA STESSA MANIERA?

È una domanda complicata perché non possiamo mai sapere com'è essere qualcun altro. È una questione che entra nel campo della filosofia e della psicologia, ma la meccanica della vista si basa sulla semplice fisica.

GLI INGREDIENTI DEL VEDERE

Quando guardi un oggetto, la luce da esso riflessa o emessa entra nel tuo occhio attraverso la pupilla e raggiunge cellule fotorecettive situate sulla superficie posteriore interna (la retina). Tra i tanti tipi di cellule, i coni e i bastoncelli hanno la funzione di rilevare la luce. I coni sono responsabili della visione del colore; i bastoncelli ci aiutano a vedere di notte, distinguendo tra luce e buio ad alta risoluzione.

Le cellule cono sono sensibili a una gamma di lunghezze d'onda, ma reagiscono in maniera più forte alla luce di una lunghezza d'onda particolare; trasmettono dei segnali (impulsi elettrici) al cervello. Più la luce si avvicina alla loro lunghezza d'onda di picco, più numerosi saranno gli impulsi che produrranno e più forte sarà il segnale che trasmetteranno. Il cervello raccoglie tutte le informazioni ricevute dai coni e dai bastoncelli per comporre un'immagine a colori del mondo. Funziona più o meno come lo schermo di un televisore o di un computer, che compone un'immagine complessa a partire una grande quantità di singoli pixel. Il cervello combina le informazioni trasmesse dai milioni di cellule cono che si trovano in ogni occhio dandoci una visione tridimensionale.

COME APPAIONO LE COSE

Quando la luce (di qualsiasi colore) colpisce un oggetto, sono tre le cose che possono succedere: la luce può essere assorbita, riflessa o trasmessa. La luce è assorbita se la lunghezza d'onda della luce coincide con la frequenza di vibrazione degli elettroni negli atomi della sostanza. La luce ha l'effetto di scaldare leggermente la sostanza, così l'energia luminosa è trasformata in calore. Un oggetto nero assorbe tutta l'energia della luce, è per questo che un oggetto nero lasciato al sole si riscalda di più di un oggetto bianco di dimensioni simili: gli oggetti bianchi riflettono tutta la luce.

CELLULE CHE VEDONO

L'occhio umano ha all'incirca 120 milioni di cellule bastoncello e 6 milioni di cellule a cono. Le cellule a bastoncello sono molto sensibili a bassi livelli di luce, e possono essere attivate anche da un singolo fotone (una particella di energia luminosa). Ci permettono di vedere quando la luce è fioca, ma non possono rilevare il colore. Gli animali notturni, come i gufi, hanno un rapporto ancora più elevato tra bastoncelli e coni, che conferisce loro un'eccellente visione notturna.

Riusciamo a vedere le forme perché abbiamo tantissime cellule cono affastellate in una piccola area nella parte posteriore della retina. I coni possono rilevare il colore perché ce ne sono tre tipi specializzati in luce di diverse lunghezze d'onda. Gli S-coni, M-coni e L-coni sono sensibili, rispettivamente, alla luce di lunghezza d'onda breve, media e lunga. Per le persone che hanno una visione normale, questo corrisponde alla luce blu (S), verde (M) e rossa (L).

Poiché di notte o all'ombra non c'è sufficiente luce perché i coni funzionino, tutto appare grigio. La luce riflessa dagli oggetti è esattamente la stessa (continua ad avere una gamma di colori) ma non possiamo percepire i colori perché l'intensità della luce è troppo bassa per far sì che i coni funzionino.

Se la luce colpisce una sostanza che non ha elettroni con una frequenza corrispondente, essa eccita gli elettroni per un breve momento ed è poi riemessa come luce. Se la sostanza è opaca, l'energia irradia dalla superficie e viene riflessa.

QUALCHE PAROLA SUI COLORI

La luce fa parte dello spettro elettromagnetico: è energia che viaggia in onde. Lo spettro elettromagnetico include energia che ha diverse lunghezze d'onda (cioè l'intervallo tra i picchi e depressioni delle onde). Lo spettro spazia dalle onde radio alle onde gamma. Le onde radio sono le più lunghe; tra i picchi possono esserci anche 100 km. I raggi gamma hanno invece la lunghezza d'onda più breve, circa le dimensioni del nucleo di un atomo.

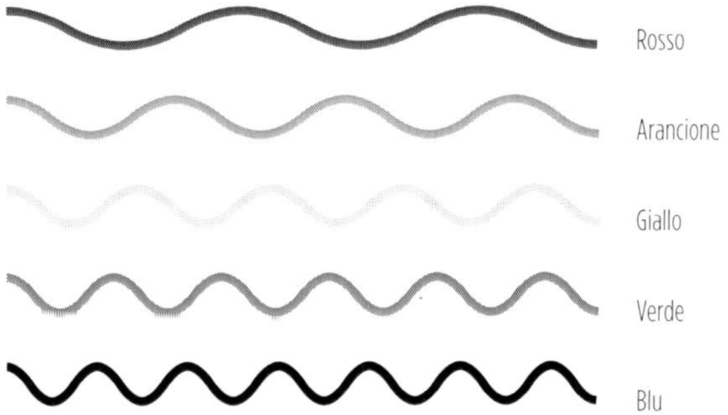

La parte dello spettro che possiamo vedere è chiamata luce visibile. La luce di diversi colori ha diverse lunghezze d'onda: la luce rossa ha una lunghezza d'onda superiore alla luce blu.

In termini fisici, l'unica differenza tra la luce visibile e le onde radio originate da una stella lontana è la lunghezza d'onda. Tuttavia i nostri corpi reagiscono alla luce, alle onde radio e ai raggi gamma in modo molto diverso.

Se la sostanza è traslucida l'energia viene passata agli atomi adiacenti eccitando quegli elettroni, e così via, continuando a passare da un atomo all'altro fino a uscire dall'altra parte dell'oggetto; è in questo modo che la luce si trasmette. Una piccola parte è irradiata nella direzione da cui era venuta, così il vetro verde appare verde quando lo guardi (luce riflessa) ma permette anche alla luce verde di attraversarlo (luce trasmessa).

I COLORI SONO REALI

È un fatto certo che vedrai luce della stessa lunghezza d'onda come dello stesso colore. Ogni volta che vedrai un oggetto che riflette luce gialla, con una lunghezza d'onda di 570 nm, vedrai lo stesso colore. Le proprietà fisiche dell'oggetto e della luce saranno sempre le stesse, a prescindere da chi le guarda, anche se non c'è nessuno a guardarlo. Così, se definiamo il colore non come qualcosa di percepito ma come la lunghezza d'onda della luce coinvolta, possiamo dire che tutti vediamo gli stessi colori. Ma forse non li percepiamo alla stessa maniera.

La struttura fisica delle cellule cono e i nervi che le connettono al cervello, come la struttura del cervello stesso, non sono uguali in tutte le persone. Le trasmissioni nervose sono effettuate in forma di reazioni chimiche: queste sono sempre uguali e non possono essere modificate. Ma i fotorecettori potrebbero essere regolati in modo leggermente diverso: magari i tuoi L-coni (utili a vedere il rosso) sono più sensibili a luce con una lunghezza d'onda di 564 nm, ma i miei potrebbero essere invece più sensibili a una luce con lunghezza d'onda di 567 nm. Questo mi renderebbe più sensibile ai rossi/arancioni. Non solo, i colori che una persona "vede" nel proprio occhio mentale potrebbero apparire diversi da quelli che "vede" un'altra persona.

PIÙ COLORI E MENO COLORI

Anche se tutti sentono i suoni allo stesso modo, alcune persone possono percepire suoni con una frequenza superiore o inferiore rispetto ad altre, dato che la capacità delle nostre orecchie e degli altri organi sensoriali non sono identiche.

Sappiamo che esistono alcuni problemi di vista che fanno sì che alcune persone (quelle affette da vari tipi di daltonismo) non vedano alcuni colori che altri possono vedere. Qualcuno, per esempio, potrebbe vedere i verdi come sfumature di marrone. Se si sono abituati a classificare qualcosa come "verde" potrebbero metterci molto tempo per accorgersi che non vedono il verde come le altre persone, ma a un certo punto di solito diventa evidente che gli altri sono capaci di vedere sfumature diverse, e vedere le cose come verdi o marroni mentre la persona daltonica non è in grado di percepire alcuna differenza tra loro.

Alcune persone sono affette da un'altra variante, chiamata tetracromatismo, cioè hanno quattro tipi di cono invece di tre. Il cono in più è particolarmente sensibile ai colori tra il rosso e il verde (cioè nella gamma del giallo/arancione). Inoltre, i tetracromatici vedono i colori in modo più vivido o vibrante rispetto alle altre persone. Anche alcuni animali hanno quattro tipi di cellule sono e possono vedere uno spettro di lunghezze d'onda più ampio di noi. Alcuni insetti, come le api, sono capaci di vedere gli ultravioletti. Alcuni serpenti, come i serpenti a sonagli, possono vedere gli infrarossi.

DI QUALE COLORE È IL VESTITO?

Nel 2015 divenne virale sul web la foto di un vestito a strisce. Alcuni lo vedevano bianco e oro e altri, messi di fronte alla stessa identica foto, lo vedevano nero e blu. Persino gli esperti non sapevano spiegare con certezza perché le persone vedevano il vestito in modo diverso. Jay Neitz, studioso della visione del colore all'Università di Washington, ipotizzò che forse la foto era stata scattata in una luce bluastra e che alcuni, inconsciamente, operano una compensazione e vedono il vestito come bianco, altri invece non compensano e lo vedono blu. Ma è solo un'ipotesi incerta, non una spiegazione esauriente. Quello che la foto ha rivelato chiaramente è che non vediamo necessariamente tutti la stessa cosa quando guardiamo lo stesso oggetto.

Questo, va ridetto, non è come essere d'accordo che un oggetto è verde, ma avere, quando lo si guarda, una diversa esperienza del colore. La maniera in cui i nostri cervelli elaborano il mondo è identica da un punto di vista chimico, però tutti sappiamo che le persone reagiscono a molte cose in modo di diverso, che sia amare o meno certi sapori, o trovare qualcosa doloroso o piacevole. Ci sono sapori e odori che alcune persone possono percepire, mentre per altre rimarranno sempre sconosciuti. Pare che i nostri cervelli siano capaci di presentare un'esperienza diversa a partire dallo stesso stimolo, ma è molto difficile sapere se stiamo vedendo i colori in modo diverso. Possiamo essere d'accordo nel dire che sia il sangue che i pomodori sono rossi, ma se tu li percepissi di un colore che io definirei blu? Se vedessi la foto di un pomodoro blu ti renderesti conto che non è il rosso che associ ai pomodori. Quello che non puoi sapere è se si tratta del colore che vedo io quando guardo dei pomodori normali.

TUTTI UGUALI PER NOI, OPPURE NO?

Nel 2009 Neitz e i suoi colleghi condussero un esperimento su esemplari maschi di scimmie scoiattolo (*Saimiri sciureus*), che hanno solo due tipi di cellule cono e perciò possono vedere meno colori di noi.

“Penso di poter dire con certezza che le persone non vedono i colori allo stesso modo.”
Joseph Carroll, Medical College of Wisconsin

Gli esemplari maschi non possono di solito vedere il rosso e il verde (non riescono a distinguerli da uno sfondo neutro), ma le femmine sì. Gli scienziati introdussero un gene della cellula cono umana in una selezione casuale di cellule cono delle scimmie maschio. Il gene era trasportato da un virus che infettò alcune delle cellule cono, aggiungendo il gene e trasformandole in cellule capaci di percepire il rosso. Dopo cinque mesi, le scimmie con le cellule cono infette riuscivano a distinguere il colore rosso. Questo vuol dire che anche se i loro cervelli non erano abilitati dalla nascita a distinguere il rosso, potevano adattarsi a farlo. Per Neitz questo significa che il modo in cui i cervelli sviluppano le percezioni del mondo esterno non segue un modello predeterminato, almeno per quanto riguarda la visione del colore.

LE PAROLE SONO IMPORTANTI

Sembra che il numero di colori che le persone distinguono in un arcobaleno dipenda in parte dai loro occhi, e in parte dalla quantità di parole associate ai colori presenti nella loro lingua. Isaac Newton, il primo a spiegare la divisione della luce bianca, poteva distinguere nello spettro solo cinque colori, ma poi ne stabilì sette. Fece questo perché era attratto da una teoria sviluppata nell'Antica Grecia che vedeva una connessione tra i colori, i sette pianeti di cui si conosceva l'esistenza nel XVII secolo, le note musicali e i giorni della settimana. Le persone che vivono in culture che hanno meno parole associate ai colori tendono a discernere meno colori.

CAPITOLO 22

RIUSCIREMO A TROVARE UNA CURA PER IL CANCRO?

NEL REGNO UNITO OGNI GIORNO MUOIONO DI CANCRO CIRCA 450 PERSONE. SAREMO MAI CAPACI DI DEBELLARE QUESTA MALATTIA?

FUORI CONTROLLO

Il corpo umano è costituito da cellule organizzate in tessuti e organi. Le cellule sono di diversi tipi, adatte a svolgere le loro varie funzioni. Un adulto ha circa 100 trilioni di cellule (100.000.000.000.000). Normalmente le cellule si dividono in maniera controllata: quando abbiamo bisogno di nuove cellule per crescere, per riparare un danno, o per rimpiazzare delle vecchie cellule che si sono rovinate, le cellule copiano il loro materiale genetico e si dividono in due.

CATEGORIE DI CANCRO

Ci sono circa 200 tipi di cancro, che interessano parti diverse del corpo. Questi sono divisi in cinque categorie a seconda del tipo di tessuto nel quale si sviluppano.

- Il *carcinoma* è un cancro che inizia nella pelle o nei rivestimenti che ricoprono gli organi interni.
- Il *sarcoma* inizia nei tessuti che tengono insieme il corpo o lo supportano, come le ossa, la cartilagine, i muscoli, il grasso o i vasi sanguigni.
- La *leucemia* inizia nel midollo osseo dove si formano le nuove cellule sanguigne; cellule del sangue anormali vengono prodotte e rilasciate nel flusso sanguigno.
- Il *linfoma* e il *mieloma* iniziano nelle strutture del sistema immunitario, come le ghiandole linfatiche.
- Il *cancro del cervello* e del *midollo spinale* inizia nei tessuti del sistema nervoso.

Succede a volte che le cellule che si dividono facciano un errore. Il materiale genetico, il DNA, non viene copiato correttamente. Questa si chiama mutazione. Spesso le cellule mutate muoiono, ma non sempre. Possono cominciare a moltiplicarsi, creando altre cellule difettose. Le cellule difettose seguitano a dividersi anche quando non c'è bisogno di nuove cellule. Queste possono portare allo sviluppo di noduli o di escrescenze chiamate tumori.

I cancri del sangue (leucemie) non formano tumori, ma le cellule in eccesso si ammassano nei vasi sanguigni o nel midollo osseo (dove sono prodotte le cellule del sangue) e creano dei problemi.

Il tumore può crescere senza essere notato per un po', anche per anni, a seconda di dove si trova nel corpo e della rapidità con cui cresce. Alcuni tumori sono benigni (non cancerogeni), ma possono comunque essere letali se, come quelli nel cervello, premono su altre strutture.

Un tumore diventa maligno (canceroso) solo quando sviluppa la capacità di diffondersi nelle altre parti del corpo, che succede di solito quando le cellule tumorali si staccano e sono trasportate nel sangue o nel sistema linfatico. Possono poi diventare tumori secondari in altre parti del corpo.

LE CAUSE DEL CANCRO

Ci sono tanti fattori che possono indurre le cellule a riprodursi inutilmente. Può essere per via di influenze esterne sulla cellula, come il fumo di tabacco o le radiazioni. Può essere dovuto all'invecchiamento del corpo perché le nostre cellule, man mano che invecchiamo, diventano più propense a fare degli errori, e gli errori nelle cellule si accumulano.

Alcuni ereditano dei geni che li rendono più propensi a sviluppare un particolare cancro. Oppure può accadere in modo completamente casuale, perché le cellule fanno degli errori quando si duplicano. Oppure può essere il risultato di una combinazione di questi fattori.

Serve un gran numero di mutazioni perché si sviluppi un cancro. I meccanismi di controllo del corpo di solito individuano le cellule difettose e fanno in modo che si autodistruggano. Ma se la mutazione colpisce questo sistema di controllo e gli errori non sono rilevati, o se la mutazione impedisce alla cellula di autodistruggersi, la cellula difettosa è libera di riprodursi e potrebbe risultarne lo sviluppo di un cancro.

UNA PARTE DI TE

La difficoltà che i medici affrontano nel trattamento del cancro è che il tumore è fatto da cellule prodotte dal corpo stesso. Nelle malattie infettive c'è un agente patogeno (un organismo che causa la malattia) estraneo al corpo. Il meccanismo di difesa naturale del corpo, il sistema immunitario, esiste per attaccare questi organismi estranei e distruggerli. È il nostro esercito personale di cellule speciali che combatte la malattia.

Possiamo aiutare il sistema immunitario con medicine come gli antibiotici (vedi *È finita l'era degli antibiotici?* a pagina 131), o persino fornire anticorpi già pronti per combattere una specifica malattia. Ma il cancro ci mette di fronte a un problema complesso. Sebbene il sistema immunitario normalmente distrugga le cellule malate o "fuori uso", riconosce le cellule cancerose come parte di sé, perciò non le attacca. Per questo le malattie autoimmuni, che portano il sistema immunitario ad attaccare le cellule del corpo, possono provocare gravi malattie.

LE CURE

Le cure per il cancro sono spesso sgradevoli e angoscianti. In passato erano ancora peggio. Fino al XX secolo l'unico trattamento esistente era la chirurgia (per asportare il tumore).

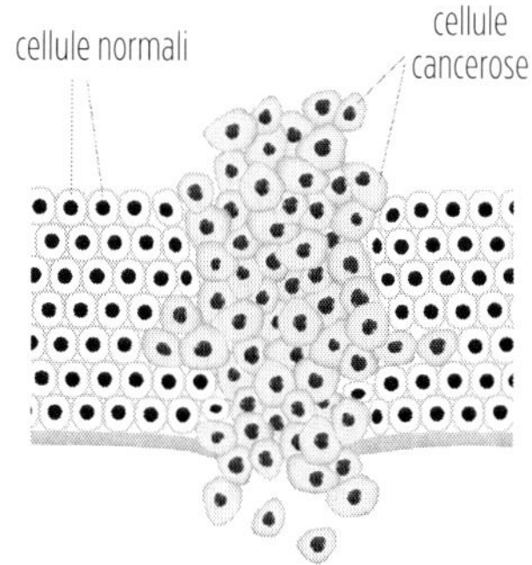

Anche se gli esiti erano a volte positivi, l'esperienza dell'operazione, prima dell'avvento degli anestetici, era davvero straziante. Anche oggi il tumore può essere rimosso chirurgicamente (col paziente sottoposto ad anestesia), e poi il paziente è trattato con la chemioterapia o la radioterapia. Spesso però il cancro può essere trattato senza operare.

Specialmente la chemioterapia può avere degli effetti collaterali estremamente sgradevoli. La chemioterapia colpisce le cellule nel momento in cui si dividono. Di solito è somministrata attraverso sostanze chimiche che attraversano tutto il corpo. Può essere amministrata per iniezione, flebo, o capsule da inghiottire. Poiché le cellule cancerogene si riproducono più rapidamente della maggioranza delle altre cellule, sono quelle maggiormente colpite dalla chemioterapia. Però sono colpite anche altre cellule che si riproducono spesso, come le cellule epiteliali, i follicoli dei capelli e le cellule nel rivestimento dell'intestino. È per questo che le persone sottoposte a chemioterapia perdono spesso i capelli e soffrono di problemi di stomaco: le cellule dello scalpo e dell'intestino sono le vittime collaterali del trattamento.

La radioterapia consiste nel colpire le cellule tumorali con un'elevata dose di radiazioni. L'ondata di radiazioni rompe i lunghi filamenti delle molecole di DNA che costituiscono i cromosomi. Così le cellule non possono riprodursi e muoiono. La radioterapia colpisce direttamente il tumore, perciò non danneggia le altre cellule del corpo. La radioterapia può anche essere somministrata per via orale o endovenosa, viaggiando attraverso il corpo fino a quando raggiunge il tumore, dove si accumula.

Entrambi i metodi funzionano distruggendo il DNA delle cellule cancerose. Le cellule cancerose sono prive di quei meccanismi di cui dispongono le cellule normali per riparare il DNA danneggiato, e le cure per il cancro tradizionali sfruttano questa caratteristica. Quando le cellule normali sono danneggiate dalle radiazioni interrompono il ciclo cellulare finché il danno non è riparato. Le cellule cancerose invece no: continuano a riprodursi, ma le cellule prodotte, completamente compromesse, non possono funzionare correttamente e muoiono presto. Inizialmente, quando radioterapia e chemioterapia furono sviluppate, i dettagli del loro funzionamento non erano chiari: funzionavano, era evidente, ma non si sapeva come.

Le cellule cancerose, tuttavia, possono continuare a mutare, e nel corso di questo processo possono sviluppare una resistenza alle medicine usate per trattarle, e persino ad altre medicine alle quali non sono ancora state esposte. Per esempio, le cellule cancerose possono sviluppare dei mutamenti adattivi che permettano di espellere le medicine dalle cellule.

METODI MIGLIORI

La ricerca è costantemente al lavoro per trovare trattamenti migliori per curare il cancro. Ci sono molti sviluppi promettenti, ma è troppo presto per dire se siamo prossimi a una cura miracolosa.

Una possibilità è quella di colpire la capacità che ha il cancro di nascondersi dal sistema immunitario. Nuovi farmaci immunoterapici hanno proprio questo obiettivo, rieducare il sistema immunitario così da permettergli di "vedere" e distruggere le cellule cancerose. Risultati preliminari, resi pubblici nel 2015, includevano uno studio britannico nel quale, usando questo metodo, il 58% di pazienti affetti da cancro della pelle in stadio avanzato ebbe una notevole riduzione del tumore, e nel 10% dei casi la sua distruzione. Un'altra possibilità è quella di disattivare il gene che induce le cellule tumorali a replicarsi. Gli scienziati sono al lavoro su filamenti naturali di materiale genetico chiamati RNA messaggero, capace di bloccare selettivamente un singolo gene. Questo processo è chiamato interferenza dell'RNA (o RNAi). Uno studio del 2012 scoprì che quando veniva bloccato un gene particolare in un paziente affetto da un tipo di leucemia, le cellule cancerose smettevano di replicarsi e tornavano a essere normali globuli bianchi che non si dividevano. È possibile che si scopra una forma di molecola RNAi capace di interferire con altre cellule cancerose. La chiave è trovare, in ogni singolo caso, la proteina che causa il problema e poi bloccare la sua produzione col RNAi appropriato.

SFRUTTARE UNA MANCANZA

Le cellule cancerose spesso sono prive di un gene chiamato p53. È forse possibile sfruttare questa mancanza a fine trattamento. Il gene p53 è parte del meccanismo di difesa di una cellula, ma alcuni virus producono proteine per disattivarlo. Poi il virus si introduce nella cellula prendendone il controllo e ordinandole di fare copie di se stesso. Quando la cellula è piena di copie del virus, esplode, e i virus invadono le cellule vicine. Un virus, un adenovirus, è stato progettato in modo da poter vivere soltanto in quelle cellule che sono già sprovviste di p53. Questo significa che sarà capace di prendere di mira le cellule cancerose risparmiando quelle sane. Se il virus è introdotto in un tumore ucciderà le cellule cancerose ma non danneggerà le cellule normali del corpo. Questo approccio è al momento sottoposto a studi clinici negli USA ed è già usato in Cina per trattare il cancro al polmone.

SOSTANZE CHIMICHE BLOCCANTI

Poiché le cellule cancerose si dividono e si diffondono rapidamente, hanno bisogno di una buona fornitura di sangue per nutrirsi e rimuovere gli scarti. Il cancro generalmente si appropria delle cellule vicine, inducendole a trasformarsi in vasi sanguigni quando il tumore raggiunge circa 1 mm di diametro. È possibile individuare dei marcatori chimici nelle cellule che sono sul punto di subire questa trasformazione, e anche identificare e bloccare l'azione delle sostanze chimiche che inducono lo sviluppo dei vasi sanguigni. Bloccare la produzione di queste sostanze o la loro azione potrebbe essere un modo per tagliare il nutrimento ai tumori e sconfiggerli.

Analizzando il DNA delle cellule cancerose, gli scienziati hanno cominciato a svelare delle somiglianze tra cancri di tipologie diverse. Questo già aiuta i medici a descrivere e identificare i particolari tipi di cancro e a fornire una prognosi ai pazienti; inoltre spiana la strada a nuovi trattamenti. Se la ricerca medica sulle cellule cancerose potesse scoprire i loro specifici punti deboli, dovrebbe essere possibile, in futuro, trovare dei trattamenti efficaci che sfruttino quelle debolezze. Si prefigura un approccio che consiste nel tracciare il profilo molecolare del cancro di ciascun paziente, per poi attaccarlo con un trattamento su misura.

"I dati che emergono dai trial clinici ci dicono che siamo vicini a una nuova era dei trattamenti per il cancro. Alcuni dei tipi di cancro più comuni sembrano rispondere all'immunoterapia. In totale, i cancri del polmone, rene, vescica, testa e collo, e il melanoma uccidono circa 50.000 persone ogni anno, cioè circa un terzo di tutti i morti di cancro."

Peter Johnson, professore di Oncologia Medica, Cancer Research UK

Circa metà della popolazione che vive nel mondo economicamente sviluppato farà esperienza del cancro nel corso della sua vita, e per un quarto di questi sarà la causa di morte. La scoperta di una cura efficace e di terapie meno traumatiche costituirebbe un punto di svolta epocale, e la fine di tanto dolore.

CAPITOLO 23

È POSSIBILE CHE MACCHINE INTELLIGENTI ASSUMANO IL CONTROLLO?

LA PRESA DI POTERE DA PARTE DELLE MACCHINE È UNO SCENARIO ABBASTANZA FREQUENTE NELLA FANTASCIENZA. MA C'È DAVVERO DA PREOCCUPARSI?

Perché le macchine possano prendere il controllo, devono essere capaci di pensare e ragionare in maniera indipendente, cioè oltre la semplice programmazione della maggioranza dei computer odierni. Dovrebbero essere, in poche parole, intelligenti. Le macchine dotate di "intelligenza artificiale" (IA) non possono al momento reggere il confronto con quella umana. Questo pericolo non è quindi imminente, ma non è detto che sia così remoto. Come hanno sottolineato esperti di tecnologie e filosofi, il momento giusto per pensare a un problema è prima che possa manifestarsi, così che sia possibile evitarlo quando è solo a uno stadio iniziale di sviluppo. Una volta che le macchine saranno in formazione di battaglia, sarà troppo tardi.

FASE 1: CREARE LE MACCHINE

Il lavoro per ottenere l'intelligenza artificiale è iniziato alla metà del XX secolo, quando furono sviluppati i primi robot.

Prima di discutere le difficoltà per arrivare all'intelligenza artificiale, è necessario decidere cosa significhi intelligenza. Non esiste un'esatta definizione che metta tutti d'accordo, ma espressioni come "pensiero indipendente", "creatività" e "teoria della mente" (credenze, desideri e intenzioni che sono utilizzate per comprendere perché una persona si comporta in una certa maniera) figurano spesso nel dibattito. Non c'è neanche chiarezza su quali sarebbero i limiti: un'IA sarebbe capace di mentire deliberatamente? Tirare a indovinare? Provare dei sentimenti? Sarebbe cosciente?

IL GIOCO DELL'IMITAZIONE

Il primo test per decidere se una macchina poteva essere definita intelligente fu ideato ben prima che esistesse un'intelligenza artificiale da testare. Alan Turing, il pioniere dei computer, descrisse un test che chiamò "gioco dell'imitazione", adesso conosciuto come test di Turing. Questo test consisteva nel lasciare che un essere umano avesse una conversazione scritta con un computer nascosto. Se la persona era in grado di dire con sicurezza che era in comunicazione con una macchina, questa non aveva passato il test. Ma se la persona era persuasa di comunicare con un altro essere umano, allora la macchina aveva passato la prova.

Non abbiamo ancora inventato nulla capace di passare con successo il test di Turing. Ma avendo sempre più spesso a che fare con macchine che ci parlano, dai risponditori automatici dei call centre agli "assistenti digitali" presenti nei nostri smartphone, ci stiamo abituando all'idea che questo possa eventualmente succedere. Forse, rispetto alle generazioni che ci hanno preceduto, sarebbe più difficile ingannarci.

Esempi di IA di livello relativamente basso sono già numerosi. Per esempio le azioni dei personaggi controllati dal computer in un videogioco sono decise da un programma di IA. I software sui quali si basano gli "assistenti personali" si servono di IA per elaborare e rispondere alle richieste che facciamo usando il linguaggio naturale (cioè il linguaggio parlato, non il codice informatico). Ma sono ancora molto distanti dalla vera intelligenza che permette agli esseri umani di interagire e capire le sfumature nascoste del linguaggio.

Un computer avrebbe problemi ad analizzare una frase come "*time flies like an arrow; fruit flies like a banana**", non c'è nulla che indichi che "flies" vada inteso come un verbo nel primo caso, e come un nome nel secondo.

---

* Nella prima parte della frase (*il tempo vola come una freccia*), "flies" è la terza persona del verbo "to fly", volare, e "like" è tradotto "come". Nella seconda parte della frase (*i moscerini della frutta gradiscono una banana*), "flies" è il plurale del nome "fly", mosca, e "like" è la terza persona plurale del verbo piacere.

Il linguaggio è pieno di queste trappole: se "*buffalo milk*" è latte che viene dalle bufale, allora, secondo la stessa logica, il "*baby milk*" è latte che proviene dai bambini. La complessità della rete neuronale nei nostri cervelli ci permette di servirci dell'esperienza e di una visione del contesto per comprendere espressioni di questo tipo. Da quanto ne sappiamo, nessun computer si è mai avvicinato a questo livello di complessità.

È però un equivoco dare per scontato che l'intelligenza artificiale debba imitare quella umana. Non è l'imitazione che richiediamo alle altre macchine. I sistemi di trasporto si servono di ruote, un movimento che non esiste in natura. È verosimile che l'IA possa svilupparsi secondo traiettorie che non corrispondono a quelle dell'intelligenza umana.

IA NELLA NUVOLA

La chiave per lo sviluppo dell'IA è dare ai sistemi un modo di imparare. Per essere davvero autonomi e intelligenti dovranno essere capaci di andare oltre la conoscenza ricevuta in fase di programmazione e assorbire conoscenze nuove, imparando qualcosa da ogni interazione, da nuove circostanze, e dalle conseguenze delle azioni intraprese.

Se il processo di apprendimento fosse esclusivamente basato sull'esperienza della singola macchina, sarebbe molto lento. Ma se i sistemi di IA accumulassero le loro esperienze e conoscenze in un *cloud*, molti sistemi potrebbero condividere e attingere da una miniera di conoscenze molto più vasta.

IA: AMICI, ASSISTENTI, AMANTI

I film di fantascienza sono popolati di IA che possono essere oggetto di attenzioni romantiche, amici, amanti o servitori. Alcune organizzazioni sono già al lavoro per creare dei robot intelligenti che possano aiutare le persone anziane nelle loro attività giornaliere, per rispondere ai bisogni di quei paesi che vedono un progressivo invecchiamento della popolazione e un numero insufficiente di giovani per fornire assistenza.

Da questo punto di vista, il Giappone si trova di fronte a uno degli scenari demografici più complicati, è perciò naturale che sia all'avanguardia nello sviluppo della robotica assistenziale. È un mercato che finirà probabilmente per espandersi a varie parti del mondo. I robot all'inizio si occuperanno probabilmente di svolgere funzioni pratiche, come consegnare un carrello dei medicinali o controllare che le uscite antincendio siano sempre sgombre e che le attrezzature d'emergenza siano al loro posto ed efficienti. Questo permetterà allo staff di concentrarsi sulle mansioni che richiedono interazione. Ma i robot sono usati sempre più spesso per cure più personali, come muovere i pazienti o aiutarli a lavarsi i capelli: c'è già un robot dotato di 24 dita sviluppato in Giappone capace di lavare capelli con la stessa efficacia di un assistente umano.

Sempre in Giappone c'è un "amico robot" peloso a forma di foca che simula le reazioni di un vero animale domestico vivente, dimostrando di apprezzare quando lo si accarezza. Molti proprietari sono entusiasti del rapporto con questo prodotto, ma alcuni critici ritengono che ci si stia eccessivamente spingendo in un territorio controverso. È una novità talmente recente che, a oggi, non esiste ancora uno studio sugli effetti psicologici a lungo termine derivati dall'attaccamento emotivo nei confronti di una macchina intelligente.

FASE 2: DIPENDERE DALLE MACCHINE

È difficile credere che qualcuno vorrebbe mai consciamente creare un'IA che potrebbe provare a conquistare il mondo, mettere il genere umano in catene o spazzarlo via, o lanciarsi in uno di quei progetti di distruzione così comuni nel film di fantascienza. Queste circostanze sarebbero con tutta probabilità conseguenze impreviste. Senza dubbio i nostri obiettivi sarebbero innocui, come renderci la vita più facile e piacevole, usare le risorse in modo più efficiente, proteggere il clima, dare assistenza a chi ne ha bisogno, aiutarci ad avere facile accesso alle informazioni, diagnosticare e trattare le malattie in modo più accurato e affidabile e via dicendo. Ma dietro alle conquiste può nascondersi il pericolo.

Bill Joy, co-fondatore di Sun Microsystems, ha avvisato che più le macchine saranno indispensabili più ne avremo bisogno. A un certo punto sarà impossibile spegnerle. Già adesso dipendiamo troppo dai sistemi computerizzati. Per esempio, sarebbe impensabile spegnere i computer che fanno funzionare le banche o il controllo del traffico aereo.

Abbiamo già visto le catastrofiche conseguenze della rapidità con cui avviene il processo decisionale computerizzato. Nel 2010, il cosiddetto *flash crash* ha visto il *Dow Jones Industrial Average* crollare di circa 1000 punti in borsa. I supercomputer che svolgono operazioni di trading a velocità vorticosa, senza supervisione umana, hanno provocato il crollo del valore dello stock perché hanno venduto troppo velocemente.

È facile immaginare che man mano che l'IA diventerà sempre più capace di prendere decisioni, fino a surclassare le capacità decisionali degli esseri umani, le delegheremo una sempre maggior responsabilità di prendere decisioni. Dopo tutto, perché noi (o una qualsiasi operazione commerciale) dovremmo privilegiare un sistema decisionale meno affidabile (le persone) rispetto a uno più affidabile (IA)?

Sembra quasi inevitabile che l'IA, quando sarà facilmente accessibile, svolgerà una parte sempre maggiore del nostro lavoro.

LA CONSAPEVOLEZZA COME PROPRIETÀ EMERGENTE

C'è una teoria secondo la quale la consapevolezza emerge naturalmente dalle reti neurali: non ha bisogno di essere creata, ma si manifesta spontaneamente, proprio come il clima è una proprietà emergente di aria, acqua e geologia. Questo non spiega cosa sia la consapevolezza, ma spiega come possa accadere. Spiega anche la "mente alveare" o la consapevolezza di gruppo degli animali che agiscono insieme, come le formiche e le api.

Se la teoria fosse corretta, la consapevolezza potrebbe manifestarsi automaticamente in qualsiasi sistema informatico sufficientemente complesso. Potrebbe persino esserci già. Non deve per forza essere una forma di consapevolezza che sapremmo riconoscere immediatamente.

FASE 3: OPS!

Però le capacità dei computer dipendono dalla loro programmazione. Anche se sono capaci di imparare in maniera indipendente, per quanto ne sappiamo non svilupperanno una coscienza, la compassione, un sistema etico, emozioni o consapevolezza a meno che non siano stati programmati per farlo. È facile immaginare come un sistema privo di questi freni propri della natura umana possa andare fuori controllo.

Bill Joy fa l'esempio di uno scenario in cui un'IA creata per ottimizzare la produzione di graffette potrebbe decidere di requisire tutte le risorse necessarie per raggiungere il suo obiettivo, e persino, potenzialmente, prendere atomi dai corpi umani per farne delle graffette.

È vero che essere trasformati in graffetta non è un rischio particolarmente concreto, ma sono state ipotizzate altre conseguenze involontarie e indesiderate. Una è che l'IA possa decidere, in maniera del tutto logica, di sterminare l'umanità in quanto dannosa per il pianeta. Sarebbe possibile evitare che questo accada adottando, per esempio, le leggi della robotica di Asimov (vedi pagina a fronte).

Esistono altri pericoli, meno evidenti. La rivoluzione industriale meccanizzò tanti lavori noiosi e dispendiosi in termini di tempo, in precedenza svolti dalle persone, e alcune persero il lavoro. La stessa cosa abbiamo visto con la computerizzazione e l'avvento della robotica nell'industria manifatturiera. L'IA potrebbe far scomparire ancora più lavori, inclusi molti che richiedono conoscenze specifiche, come nei campi della medicina, legge, educazione e professioni come l'architettura e la ricerca scientifica. A seconda di come la società riesce a gestire il cambiamento, il ruolo sempre più prevalente dell'IA nello svolgimento dei nostri lavori potrà essere liberatorio o devastante. Una parte considerevole della popolazione potrebbe essere esclusa dal lavoro, privata di motivazioni e forse vittima di disagi mentali. Sarebbero forse tenuti a bada con medicinali e intrattenimento, incoraggiati a dedicarsi agli hobby e assecondati per evitare che scoppino disordini sociali. Secondo alcune visioni distopiche, questa massa di persone senza lavoro potrebbe essere spazzata via, o condannata a non riprodursi, da una classe dirigente che non ha bisogno di loro.

Hans Moravec, che ha fondato il programma di robotica alla Carnegie Mellon University negli Stati Uniti, crede che l'IA potrebbe prendere il posto degli esseri umani. Prevede che potremo tenere le macchine sotto controllo ancora a lungo, ma è convinto che finiremo per capitolare. Forse a prendere il controllo saranno i cyborg (combinazioni di uomini e macchine), ma ritiene che la creazione dell'IA sia un punto di non ritorno, e che per gli esseri umani il destino sia già scritto.

LE LEGGI DELLA ROBOTICA DI ASIMOV

Lo scrittore di fantascienza Isaac Asimov stabilì per la prima volta le sue tre leggi della robotica nel racconto *Circolo vizioso* (1942) incluso nell'antologia *Io, robot*. Sono queste:

1. Un robot non può recare danno a un essere umano né può permettere che, a causa del suo mancato intervento, un essere umano riceva danno.
2. Un robot deve obbedire agli ordini impartiti dagli esseri umani, purché tali ordini non vadano in contrasto alla Prima Legge.
3. Un robot deve proteggere la propria esistenza, purché la salvaguardia di essa non contrasti con la Prima o con la Seconda Legge.

Asimov aggiunse una quarta legge, che precede le altre

0. Un robot non può recare danno all'umanità, né può permettere che, a causa del proprio mancato intervento, l'umanità riceva danno.

Si è spesso detto che queste leggi sarebbero particolarmente indicate per regolare la produzione di qualsiasi IA nel mondo reale.

CAPITOLO 24

CHE DIFFERENZA C'È TRA UNA PERSONA E UNA LATTUGA?

È DIFFICILE DA CREDERE, MA CONDIVIDIAMO DEL MATERIALE GENETICO CON L'INSALATA.

È probabile che non assomigli più di tanto a una lattuga, così potresti chiederti quali sarebbero esattamente i geni che condividi con quella pianta buona per le insalate.

DUE PAROLE SUL DNA

Le informazioni che costituiscono il progetto di ogni organismo sono codificate nel DNA (acido desossiribonucleico), le lunghissime molecole che si trovano nelle cellule. Ogni filamento di DNA è chiamato cromosoma ed è fatto da sezioni chiamate geni. L'intero insieme dei geni che costituiscono la "ricetta" per un organismo è chiamato genoma.

Il genoma comprende un set completo di istruzioni per costruire e far funzionare il corpo di un organismo. Le istruzioni sono copiate all'interno di quasi tutte le cellule del corpo, e dicono a ogni cellula cosa essere e cosa fare (sii una cellula ossea e indurisciti coi minerali, o sii un nervo e trasporta impulsi nervosi, e così via).

GENE GENIALE?

Ogni gene dà al corpo l'ordine di produrre una particolare proteina. Le proteine sono responsabili di tutte le attività svolte all'interno del corpo, dalla digestione alla crescita e alla lotta contro le malattie. Ogni cellula segue le istruzioni per produrre la proteina richiesta e "legge" esclusivamente la parte del DNA per lei rilevante. Le altre parti del DNA sono arrotolate e messe via dove non possono essere raggiunte e sono "spente".

Generalmente vediamo i cromosomi come se fossero stazioni della metropolitana segnate su una mappa: notiamo le stazioni, ma tra loro ci sono i binari, altrettanto fondamentali.

I geni di cui riconosciamo la funzione costituiscono soltanto il 2% circa della lunghezza dei cromosomi. Gli scienziati stanno ancora cercando di scoprire quale è il ruolo del restante 98%. È probabile che una funzione svolta dal "binario" (vale a dire il DNA non-codificante) sia di indicare a ciascuna cellula quale delle proteine deve produrre. Poiché ogni cellula è munita del set completo di istruzioni, questa informazione è fondamentale. Non vorresti certo che, per esempio, le cellule nei tuoi occhi si mettessero a produrre enzimi della digestione.

TUTTO IN CODICE

La struttura del DNA è una doppia elica con collegamenti tra i due filamenti, simili ai pioli di una scala. Ogni "piolo" consiste di un paio di "basi" azotate (le basi sono sostanze alcaline che formano dei sali quando sono mischiate con acidi). Queste sono chiamate "coppie di basi" e sono sempre adenina-timina e guanina-citosina: non possono combinarsi altrimenti.

Le coppie di basi si presentano in gruppi di tre, chiamati "codoni". Poiché ogni coppia può cominciare con una qualunque delle quattro basi, e ci sono tre coppie all'interno di un codone, ci sono 4 x 4 x 4 = 64 combinazioni in totale.

Una sequenza di codoni fornisce la descrizione di una proteina, l'informazione che il gene deve fornire affinché la cellula produca le proteine di cui ha bisogno. Le proteine sono composte da amminoacidi. C'è senza dubbio un numero sufficiente di codoni perché ciascuno dei 20 amminoacidi usati per costruire le proteine abbia il suo proprio codice. Ci sono anche degli specifici codoni di inizio e codoni di stop che segnano l'inizio e la fine di un gene.

CHE COSA FANNO QUEI GENI

Tante cellule presenti in organismi diversi devono svolgere funzioni identiche o simili. Anche se non somigli particolarmente a una lattuga, le tue cellule eseguono molte funzioni identiche a quelle di cui ha bisogno una pianta. Certi processi cellulari sono gli stessi in tutti o nella maggior parte degli organismi, incluso il modo in cui le cellule si dividono e prendono energia dal glucosio nel processo di respirazione cellulare.

Così, anche se in generale il tuo corpo è completamente diverso dalla lattuga, vi sono funzioni e processi che sono simili a quelli di altre piante e animali, in particolare i mammiferi. Questo spiega perché condividiamo con altri animali una porzione maggiore del nostro genoma.

Il motivo per cui condividiamo così tanto materiale genetico con altri organismi è che siamo legati a loro da antenati evolutivi. In generale, abbiamo più geni in comune con organismi dai quali ci siamo differenziati più di recente nel corso dell'evoluzione. Gli esseri umani e gli scimpanzé avevano un antenato comune appena sei milioni di anni fa, così le differenze genetiche che sono emerse da allora sono quelle che rendono gli scimpanzé e gli umani animali diversi. Per trovare antenati comuni con gli altri mammiferi, pesci, uccelli insetti e piante dobbiamo risalire a un passato più remoto. Perciò le mutazioni genetiche che si sono accumulate sono molto più numerose. L'ultimo antenato comune con gli squali potrebbe essere vissuto 290 milioni di anni fa, così gli esseri umani e gli squali si sono evoluti in maniera distinta per molto tempo, perdendo e acquisendo geni diversi nel loro percorso evolutivo.

Non c'è però un legame diretto tra la distanza evolutiva e le differenze genetiche. Le differenze derivano dal fatto che entrambe le linee evolutive subiscono cambiamenti genetici attraverso la mutazione. Così, le differenze tra un topo e un essere umano sono la somma delle differenze tra l'essere umano e l'antenato comune e le differenze tra il topo e l'antenato comune. Se una linea evolvesse più lentamente, potrebbe esserci una quantità di differenze genetiche minore di quanto ci saremmo aspettati. Inoltre, alcuni geni potrebbero svilupparsi in maniera simile se gli organismi fossero soggetti allo stesso genere di pressioni ambientali.

In ogni caso, sotto certi aspetti tu sei e sempre sarai simile a una lattuga, un topo, uno squalo e a qualsiasi altro organismo che si sia evoluto.

LA DIMENSIONE NON CONTA

Il genoma umano ha 46 cromosomi, con circa 3,2 miliardi di coppie di basi. Per contro, il lievito ne ha soltanto 12 milioni, alcuni batteri ne hanno poco più di 100.000 e la formica rossa ne ha 480 milioni. Ma non permettere che il tuo enorme genoma ti monti la testa: il pesce polmonato ha 130 miliardi di coppie di basi.

Animale	Proporzione del genoma condivisa
Scimpanzé	90%
Topo	88%
Cane	84%
Pesce zebra	73%
Pollo	65%
Moscerino della frutta	47%
Ascaride	38%

CAPITOLO 25

COME FINIRÀ L'UNIVERSO?

L'UNIVERSO GIUNGERÀ ALLA SUA FINE, PRIMA O POI.

Gli scienziati hanno un'idea abbastanza precisa di come l'universo abbia avuto inizio, un'idea alla quale sono giunti risalendo a partire da quello che possiamo osservare nell'universo attuale, servendoci delle leggi della fisica per come le intendiamo adesso. Tuttavia, non c'è consenso su come finirà. Potrebbe finire col botto o con un flebile lamento.

Sappiamo che l'universo è in espansione. Ma nessuno sa per quanto tempo continuerà ad espandersi, e che cosa succederà alla fine. Le ipotesi considerate, tradizionalmente, sono tre:

- Continuerà a espandersi, sempre più velocemente, in un universo "aperto";
- Continuerà a espandersi, ma a un ritmo sempre uguale e più lento, in un universo "piatto";
- Cesserà di espandersi, innescherà la retromarcia e collasserà su se stesso in un universo "chiuso".

Nessuna di queste è particolarmente allettante, ma per fortuna non succederà nulla per circa 20 miliardi di anni: non è in cima alla lista delle cose che dovrebbero tenerti sveglio la notte. Questi sono gli scenari dei quali ormai da un po' si dibatte. Ma a questa lista è stata aggiunta una nuova possibilità, e questa potrebbe verificarsi nel pomeriggio, o l'anno prossimo, o fra 18 miliardi di anni.

In questo scenario, l'universo instabile smetterebbe semplicemente di esistere. Potresti ragionevolmente preoccuparti di questa possibilità, perché potrebbe verificarsi durante (o, per essere precisi, alla fine) della tua vita. Ma non c'è niente che potremmo fare al riguardo, e probabilmente non ce ne accorgeremmo neppure. Sarebbe tutto finito in un istante. Le nostre conoscenze della fisica non ci permettono ancora di dire con certezza quale di questi scenari si produrrà, o se forse ci aspetta qualcosa al quale non abbiamo neanche immaginato.

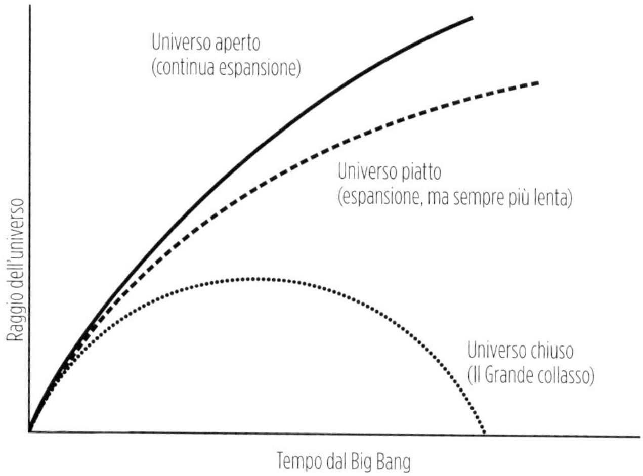

DALL'INIZIO

L'attuale teoria cosmologica spiega l'inizio dell'universo come un Big Bang, la "Grande Esplosione", più propriamente una "singolarità". In quel momento la totalità del tempo, dello spazio e della materia si espanse a partire da un punto minuscolo e infinitamente denso. Poiché nessuno può dire da dove venisse questo punto (e poiché la parola "dove" non vuol dire in questo contesto), questo lascia uno spiraglio aperto a delle spiegazioni soprannaturali, come una divinità creatrice.

In quel momento, circa 13,8 miliardi di anni fa, tutto si espanse rapidamente, passando in un milionesimo di secondo da una dimensione infinitesimale all'immensità.

Nei primi 10^{-32} di secondo (cioè lo 0,00000000000000000000000000000001 di un secondo) crebbe fino a raggiungere la grandezza di un pompelmo. A quel punto la sua crescita rallentò, pur continuando a essere piuttosto rapida: dopo un secondo l'universo era circa grande quanto il nostro Sistema Solare.

Durante quel primo secondo, comparvero le prime forme di materia e di antimateria e per lo più si distrussero tra loro, lasciando un'eccedenza di materia nella forma di quark, elettroni, fotoni, neutrini e altre particelle. La singola forza che stava animando l'universo si divise per creare alcune delle forze presenti oggi, come la gravità, l'elettromagnetismo e la forza nucleare debole. Le particelle cominciarono a scontrarsi tra loro e formare i protoni e i neutroni. Benché ci fossero già dei fotoni, l'universo era ancora così denso che nessuna luce poteva splendere (se anche ci fosse stato qualcuno per osservare la nascita dell'universo non avrebbe visto niente). Un viaggio indietro nel tempo per assistere al Big Bang sarebbe deludente sotto tutti i punti di vista.

COME FARE UN UNIVERSO

Nel corso dei pochi secondi che seguirono, mentre la temperatura scendeva ad "appena" un miliardo di gradi, protoni e neutroni si combinarono per formare nuclei di idrogeno ed elio. Nel giro di circa 20 minuti l'universo era diventato troppo freddo e non abbastanza denso perché potesse continuare la formazione dei nuclei: era già tutto finito. Questa brodaglia calda di particelle continuò per circa 240.000 anni.

Alla fine di questo periodo faceva abbastanza freddo (circa 3000 °C) perché i nuclei atomici cominciassero a catturare gli elettroni, così cominciarono a formarsi gli atomi (e la materia così come la conosciamo). A 300.000 anni dal Big Bang l'universo era una nebbia di idrogeno (75%), elio (25%) e minuscole tracce di litio. Con la formazione dei primi atomi la luce avrebbe potuto splendere, ma non c'era niente che emanasse luce. I fotoni sfrecciavano in tutte le direzioni, ma non c'era niente da vedere. Alcuni possiamo osservarli ancora adesso, come radiazione cosmica di fondo.

QUALE FORMA HA L'UNIVERSO?

Per provare a spiegare come funziona l'universo, gli scienziati gli attribuiscono una di queste tre forme possibili: chiuso, aperto o piatto; ma non sanno ancora quale di queste sia quella giusta. Un universo chiuso non ha nessuna "fine" ma è una curva chiusa, come la superficie di una sfera. Un universo aperto ha una curvatura aperta, come quella di una sella. Un universo piatto, ovviamente, è piatto, come un foglio di carta.

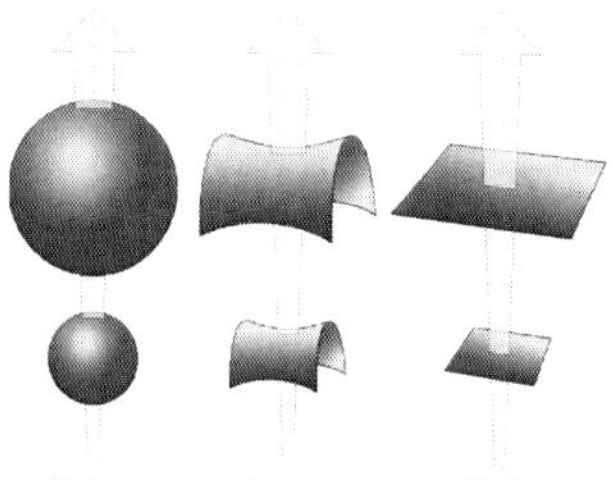

E poi non successe un granché per circa 150 milioni di anni. Infine, il collasso gravitazionale causò la formazione dei primi quasar, e a 300 milioni di anni dal Big Bang le stelle e le galassie fecero la loro comparsa. Tutto questo succedeva mentre delle leggere irregolarità nella densità della materia che si espandeva facevano sì che si accentuassero dei grumi e degli spazi vuoti. La gravità rese più intense le parti grumose, addensando la materia al loro interno. Man mano che la materia si raggruppava, la gravità spinse sempre più intensamente per compattarla e alla fine questa collassò su se stessa. A quel punto, la materia collassata diventò così calda e densa che i nuclei di idrogeno cominciarono a fondersi tra loro e a formare l'elio, rilasciando delle immense quantità di energia in un processo conosciuto col nome di fusione nucleare: così nacquero le prime stelle. C'era finalmente qualcosa da vedere.

Le prime stelle furono effimere e super-massicce (circa 100 volte la massa del Sole) e presto esplosero in supernove. I detriti si accorparono formando nuove stelle. Vaste aree di materia si unirono in galassie, e le galassie in ammassi di galassie, formando infine l'universo come lo conosciamo. Il nostro Sole si formò circa 4,6 miliardi di anni fa, composto da materia riciclata da molte generazioni di stelle che lo hanno preceduto nel corso di 8 miliardi di anni.

A CHE PUNTO SIAMO

Al momento l'universo si stava ancora espandendo e raffreddando. Era molto meno denso, con circa 10^{-26} kg per metro cubo, o 10^{-20} di milligrammo di materia per metro cubo: questo ammonta a circa 16 atomi di idrogeno per ogni metro cubo di spazio. Un'abbondanza di vuoto. La distribuzione e il movimento della materia attraverso l'universo era controllata dalla gravità che la teneva insieme e da una qualche altra forza (probabilmente materia oscura o energia oscura) che la separava. Questo gigantesco tira-e-molla cosmico ne determinò il ritmo di espansione (o di contrazione).

STA ANCORA CRESCENDO

Nel 1927, il sacerdote e astronomo belga Georges Lemaître (1894-1966) fu il primo scienziato ad avanzare l'ipotesi di un universo in espansione basandosi sulle equazioni di Einstein, ma poiché scriveva in francese la maggior parte degli astronomi ignorò il suo lavoro. Nella traduzione inglese del 1931, suggerì anche che se è vero che l'universo si espandeva, un tempo doveva essere stato molto più piccolo, un "atomo primigenio", con la totalità della materia in uno stato di elevatissima compressione. Questo movimento di espansione, confermato dall'astronomo Edwin Hubble nel 1929, diede poi luogo a quella che è appunto conosciuta come "teoria del Big Bang". Per molto tempo fu dato per scontato che il ritmo di espansione avrebbe progressivamente rallentato.

Poi, nel 1998, il telescopio spaziale Hubble (così chiamato in onore dell'astronomo) rivelò che non solo l'universo si sta espandendo, ma che il ritmo di espansione è in aumento. Questo ha davvero messo un bastone tra le ruote cosmiche.

IL GRANDE STRAPPO

Adesso molti astronomi preferiscono il Big Rip, o "Grande Strappo", una teoria pubblicata nel 2003 che funzionerebbe in un universo aperto. In questo scenario, l'espansione dell'universo continuerebbe all'infinito. Mentre la gravità tende ad accorpare la materia, l'energia oscura la separa e la allontana, aumentando lo spazio tra la materia. La velocità di espansione diventerà più veloce man mano che l'universo si estenderà sempre di più, e la gravità perderà la sua capacità di opporsi a questo movimento. Stelle e pianeti si disintegreranno. Alla fine, persino gli atomi saranno fatti a pezzi. A un certo punto, in un periodo di tempo non infinito, le distanze tra le cose nell'universo si faranno infinite.

L'universo, che cominciò infinitamente piccolo, denso e caldo, finirà infinitamente sparpagliato, cosa che suggerisce che il suo stato finito, la sua finitezza, è limitata. Questa idea dà una certa soddisfazione, più che pensare che rimarrà finito per un periodo infinito.

C'è una spaventosa equazione che serve a calcolare quanto tempo manca al Grande Strappo:

$$t_{rip} - t_0 \approx \frac{2}{3|1 + w|H_0\sqrt{1 - \Omega_m}}$$

Il risultato potrebbe essere tra soli 22 miliardi di anni fino a 35-50 miliardi di anni. Il conto alla rovescia comincerà circa 60 milioni di anni prima della fine, quando la gravità sarà troppo debole per tenere insieme le galassie. Quando mancheranno circa tre mesi, i sistemi solari si smantelleranno da soli perché la loro gravità avrà lasciato la presa. Negli ultimi minuti, le singole stelle e i pianeti si disgregheranno, e nell'ultimo istante persino gli atomi saranno distrutti. Se potessimo assistere a questo evento, potremmo galleggiare per circa un secondo in assenza di gravità prima di disintegrarci.

DIMINUISCE E INSIEME CRESCE...

Per uno strano paradosso, mentre l'universo continua a espandersi, la parte osservabile di esso (quel poco che possiamo vedere o dal quale riceviamo radiazioni) diviene più piccola. Non si restringe nel senso di una diminuzione fisica di dimensioni, ma la materia all'interno di esso si riduce. L'espansione spinge le cose lontano da noi, verso i margini dell'universo osservabile, fino ai confini dell' spazio imperscrutabile. Man mano che l'universo diviene più grande, saremo in grado di vederne di meno.

LA MORTE TERMICA

In un universo piatto l'espansione continua, senza accelerare né rallentare, ma arrancando all'infinito fino a che la materia è talmente diffusa e l'universo talmente freddo che tutto si ferma. La temperatura nell'universo si avvicinerà allo zero assoluto (circa -273°C). A un certo punto sarà raggiunta la piena entropia, che significa che tutto si è dissolto e la materia è sparpagliata in modo uniforme attraverso l'universo intero.

Come sarà? Prima di tutto, finirà la scorta di gas che serve alla formazione delle stelle. Questo succederà tra circa 1-100 trilioni di anni, un futuro piuttosto distante, perché anche la stima più bassa corrisponde a un periodo settanta volte più lungo dell'età attuale dell'universo. Quando le stelle esistenti avranno finito il carburante per le loro reazioni di fusione nucleare, moriranno, e l'universo diventerà sempre più buio.

I buchi neri si moltiplicheranno, ma anche loro si deterioreranno mentre emettono radiazione di Hawking, erodendosi lentamente fino a scomparire. Tra circa 10^{100} anni, l'universo sarà solo una minestra annacquata di particelle simili a elettroni praticamente immobili.

"Senza avviso, una bolla di vero vuoto potrebbe formare un nucleo da qualche parte nell'universo e muoversi verso l'esterno alla velocità della luce, e prima di renderci conto di cosa ci è sfrecciato accanto, i nostri protoni sarebbero già decaduti."

Michael Turner e Frank Wilczek, *Nature*, 1982

LO ZERO ASSOLUTO

Il termine "zero assoluto" significa zero Kelvin, che equivale a circa -273,15 °C. È il punto in cui la materia non contiene nessuna energia termica. Nulla si muove, ed emergono strani effetti quantici. La temperatura più bassa che gli scienziati sono riusciti a ottenere è 0,45 nK, cioè circa la metà di un miliardesimo di un Kelvin.

CRESCI, CRESCI... CRESCIUTO?

In un universo chiuso, la conclusione sarebbe completamente diversa. In questo caso, l'universo raggiungerebbe un limite e collasserebbe su se stesso. Questo riavvolgimento sarebbe all'inizio molto lento, ma diventerebbe progressivamente sempre più veloce. All'inizio la contrazione sarebbe abbastanza regolare, ma poi diventerebbe meno uniforme man mano che la materia si concentra in aree specifiche. Le stelle esploderebbero e si vaporizzerebbero e a un certo punto persino gli atomi si disintegrerebbero, riavvolgendo la sequenza che vide la comparsa della materia dopo il Big Bang.

Secondo alcuni teorici, le ultime fasi del collasso sarebbero caotiche, provocando delle enormi deformazioni dello spazio-tempo. Per alcuni persino lo spazio-tempo si sfalderebbe in "goccioline", privando di senso le nostre concezioni di tempo, distanza e direzione. Il processo del collasso potrebbe concludersi a circa 100 miliardi di anni da adesso. Se l'universo collassasse in un tale Big Crunch (la "Grande Contrazione"), potrebbe a quel punto scatenare un altro Big Bang.

Secondo una teoria detta Big Bounce (il "Grande Rimbalzo"), l'universo nel quale ci troviamo al momento è solo uno in una serie di Big Crunch e Big Bounce. Questi potrebbero continuare a susseguirsi (come forse hanno fatto fino a ora) per sempre, con una serie di universi finiti scanditi da una serie infinita di espansioni e collassi. Tra tutte, questa ipotesi è al momento quella meno convincente. Da quando nel 1998 abbiamo avuto delle conferme circa la crescente velocità di espansione, non c'è motivo di pensare che l'universo rallenterà e farà retromarcia.

IL BIG SLURP

L'ultimo scenario, quello del Big Slurp (il "Grande Risucchio") è l'unico per cui valga la pena di preoccuparsi, ma non cambierebbe nulla perché non c'è nulla che potremmo fare né per impedirlo né per predirlo. Si basa sull'idea che l'universo sia instabile per natura.

Questo prende la massa del bosone di Higgs e calcola che qualunque cosa che può formarsi ora nell'universo, dalle stelle alle forme di vita, può farlo solo perché l'universo sta vacillando sul baratro della stabilità. Una minuscola bolla di vero vuoto potrebbe formarsi in qualsiasi punto dell'universo ed espandersi esponenzialmente in un istante (beh, alla velocità della luce) spazzando via tutto quello che c'è nel nostro universo attuale. Non potremmo prevederlo né, se accadesse, avremmo il tempo di accorgercene.

NOTE BIOGRAFICHE

Anassimandro di Mileto (circa 611–547a.C.) Filosofo, astronomo e geografo greco. Allievo di Talete, è tra i pionieri della sistematizzazione del sapere scientifico e sostiene la necessità di individuare le leggi che governano la Natura.

Aristotele (385–323 a.C.) Filosofo greco. Considerato con Socrate e Platone fra i fondatori del pensiero occidentale, è autore di innumerevoli opere filosofiche e scientifiche, tra le quali *Logica, Metafisica, Fisica, Etica Nicomachea, Retorica, Poetica, De anima.*

Asimov, Isaac (1920–1992) Scrittore e biochimico statunitense di origine russa, noto per le sue opere di fantascienza: *Cronache della galassia, Il crollo della galassia centrale, L'altra faccia della spirale* e *Circolo vizioso.*

Bacone (Francis Bacon) (1561-1626) Filosofo e politico inglese, tra i protagonisti della rivoluzione scientifica, sostiene la validità del metodo induttivo fondato sull'esperienza.

Celsius, Anders (1701-1744) Fisico, astronomo e matematico svedese. Nel 1742 propone una scala di temperatura basata sui cambiamenti di stato dell'acqua.

Chain, Ernst Boris (1906–1979) Farmacologo e biochimico tedesco naturalizzato britannico, assieme all'anatomopatologo australiano Howard Walter Florey compie studi fondamentali sull'impiego della penicillina, che gli valgono il Nobel per la medicina nel 1945.

Darwin, Charles (1809–1882) Naturalista, biologo e geologo inglese, ne *L'Origine delle specie* formulò la teoria dell'evoluzione delle specie animali e vegetali per selezione naturale che agisce sulla variabilità dei caratteri ereditari.

Darwin, Erasmus (1731–1802) Filosofo, poeta, medico e naturalista britannico, nonno del più famoso Charles e del climatologo Francis Galton.

Einstein, Albert (1879–1955) Fisico teorico tedesco naturalizzato svizzero e statunitense, Nobel per la fisica 1921 e padre della teoria della relatività; le sue teorie sono alla base della fisica moderna.

Fahrenheit, Daniel Gabriel (1686-1736) Fisico, inventore, e costruttore di strumenti tedesco. Inventò il termometro. Una unità di misura della temperatura porta il suo nome.

Fleming, Alexander (1881-1955) Medico, biologo e farmacologo britannico, premio Nobel per la medicina 1945 grazie alla scoperta della penicillina (1928), assieme a Ernst Boris Chain e Howard Walter Florey.

Florey, Howard Walter (1898–1968). Medico patologo e fisiologo australiano, premio Nobel per la medicina 1945 per il suo contributo nei processi di estrazione della penicillina compiuti assieme a Ernst Boris Chain.

Galilei, Galileo (1564–1642) Astronomo, fisico e ingegnere italiano, padre del metodo scientifico. Fu costretto dalla Chiesa cattolica ad abiurare le proprie tesi che dimostravano la falsità del sistema geocentrico. Tra le sue opere: *Sidereus Nuncius, Il Saggiatore, Dialogo sopra i due massimi sistemi del mondo.*

Gardner, Robert Allen (1930-2021) Etologo e psicologo sperimentale statunitense, noto per le ricerche compiute assieme alla moglie Beatrix Tugendhut sul linguaggio dei primati.

Beatrix Tugendhut (1933-1995) Zoologa austriaca, nota per le ricerche compiute assieme al marito Allen Gardner sul linguaggio dei primati.

Hubble, Edwin Powell (1889-1953) Astronomo e astrofisico statunitense, scopritore assieme a Milton Humason della legge che lega lo spostamento verso il rosso (*redshift*) all'allontanamento delle stelle dall'osservatore e getta le basi per la teoria del Big Bang e dell'universo in espansione

Lagrange, Joseph-Louis nato Giuseppe Luigi Lagrangia (1736–1813) Matematico e astronomo italiano attivo soprattutto a Berlino e Parigi, considerato tra i più influenti matematici europei.

Lamarck, Jean-Baptiste (1744–1829) Naturalista, zoologo, botanico, enciclopedista francese, creatore del termine "biologia", elabora una prima teoria dell'evoluzione degli organismi viventi basata sull'adattamento e sulla trasmissibilità dei caratteri acquisiti.

Lemaître, Georges (1894–1966) Fisico, astronomo e religioso belga. Basandosi sulle ricerche di Edwin Hubble e di Milton Humason, sviluppa la teoria del Big Bang e dell'universo in espansione.

Linneo, Carlo (Carl Linnaeus) (1707–1778) Botanico, zoologo e fisico svedese, formalizzò nel *Systema naturae* la nomenclatura scientifica delle specie viventi.

Marey, Étienne-Jules (1830– 1904) Fisiologo e cardiologo francese, precursore della cinematografia e inventore di strumenti e tecniche per la registrazione dei movimenti.

Maxwell, James Clerk (1831–1879) Fisico e matematico scozzese, elabora la prima teoria moderna dell'elettromagnetismo unificando le precedenti osservazioni nelle equazioni che portano il suo nome.

Moravec, Hans (1948) Informatico e tecnologo canadese, noto per le sue ricerche sulla robotica e l'intelligenza artificiale.

Newton, Isaac (1643-1727) Matematico, fisico, astronomo e teologo inglese, uno dei più importanti scienziati della storia; il suo lavoro ha gettato le fondamenta della meccanica classica. Ha teorizzato le legge di gravitazione universale. Opere: *Philosophiae naturalis principia mathematica, Optica, Arithmetica universalis.*

Plinio il Giovane (circa 62-114) Avvocato e magistrato romano, nipote del naturalista Plinio il Vecchio, descrisse l'eruzione del Vesuvio del 79.

Plotino (circa 203-270) Filosofo greco antico, padre del neoplatonismo. Considera i fenomeni naturali come un "segnale" di un intelletto superiore.

Rømer, Ole Christensen (1644-1710) Astronomo e fisico danese, a lui si deve la prima misura della velocità della luce.

Santorio Santorio (1561-1636) Medico, filosofo e fisiologo italiano, padre della fisiologia sperimentale moderna. Anticipa le ricerche di Galileo e Cartesio.

Snow, Charles Percy (1905-1980) Scrittore e chimico-fisico inglese, noto per i romanzi e i saggi nel campo della comunicazione e dell'educazione.

Stokes, George (1819–1903) Matematico e fisico irlandese noto per i suoi studi sulla dinamica dei fluidi, l'ottica e la fisica matematica.

Thorndike, Edward (1874-1949) Psicologo statunitense, noto per i suoi studi sulla psicologia animale e sulle leggi dell'apprendimento.

Wegener, Alfred (1880–1930) Geologo, meteorologo ed esploratore tedesco, padre della la teoria della deriva dei continenti.

Nella stessa collana:

PENSA DA FILOSOFO
Comprendere numeri, forme e modelli
a partire dalla vita quotidiana

PENSA DA MATEMATICO
Comprendere i grandi temi dell'etica
e della logica nella vita quotidiana

PENSA COME EINSTEIN
Entra nella mente di un genio e guarda il mondo
con i suoi occhi

PENSA COME LEONARDO
Sviluppa il tuo potenziale ispirandoti al più grande
genio della storia

Anne Rooney è laureata in letteratura medievale presso il prestigioso Trinity College di Cambridge (UK), dove ha conseguito anche il PhD. Dopo un periodo di insegnamento di letteratura medievale inglese e francese alle Università di Cambridge e di York, si è dedicata alla scrittura freelance di libri per adulti e ragazzi su temi anche tradizionalmente difficili, come scienza, filosofia e storia.

In copertina: rielaborazione grafica da imm.
Mondadori Portfolio 02908757

Made in United States
North Haven, CT
04 November 2026

21772473R00132